其实你可以
更幸福

YOU CAN BE HAPPIER

李齐光　著

影响一生幸福的主要因素是什么?
哪种类型的人幸福程度比较高?
一生幸福的努力方向是什么?
如何有助于孩子的一生幸福?
男女的择偶标准有哪些差别?
好工作有哪些标准?

WUHAN UNIVERSITY PRESS
武汉大学出版社

图书在版编目(CIP)数据

其实你可以更幸福/李齐光著.—武汉:武汉大学出版社,2014.7
(2017.6 重印)
　ISBN 978-7-307-13866-7

　Ⅰ.其… 　Ⅱ.李… 　Ⅲ.幸福—通俗读物 　Ⅳ.B82－49

中国版本图书馆 CIP 数据核字(2014)第 167654 号

封面图片为上海富昱特授权使用(ⓒ IMAGEMORE Co., Ltd.)

责任编辑:郭　倩　　　责任校对:鄢春梅　　　版式设计:韩闻锦

出版发行:**武汉大学出版社**　　(430072　武昌　珞珈山)
　　　　(电子邮件:cbs22@ whu.edu.cn 网址:www.wdp.com.cn)
印刷:虎彩印艺股份有限公司
开本:720×1000　1/16　印张:13.125　字数:127 千字
版次:2014 年 7 月第 1 版　　2017 年 6 月第 4 次印刷
ISBN 978-7-307-13866-7　　定价:20.00 元

前　　言

　　人们可以通过一些技巧提高自己的幸福程度吗？答案是肯定的，本书就是旨在结合生活中的实例，给出一些切实可行的具体方案。

　　本书的特点是将幸福学的基本原理与人们的日常生活实践相结合。作者从人们的衣食住行、求学就业、婚姻家庭、购车买房、投资理财、子女教育、健康医疗、娱乐休闲、职业规划、生活方式等日常生活面临的各种问题入手，运用幸福学的原理，通过分析生活中的具体案例，提出一系列提高人们幸福程度的方法和途径。这些方法和途径都是普通老百姓可以学会的，容易做到的。

　　本书与一般同类书籍的不同之处在于它的实用性和可操作性。例如，一个适婚大龄青年因找不到结婚对象而感到焦虑，一般同类书籍可能只会引导其保持积极心态、增加正能量等，却没有提供改善处境的具体方法，这无异于画饼充饥，无法从根本上提高其幸福程度。本书则不同，作者对这类问题给出了一些可操作的解决方案，供读者参考。

本书是在一系列幸福讲座讲稿的基础上整理而成的，语言通俗易懂，有异于其他的学术著作而表现出口语化特色，便于不同层次的读者阅读和理解。

本书是面对非幸福学专业人士的通俗读物，一些术语、定义、解释和案例并不完全准确、严格、全面。类似于其他社会科学，本书所引用的幸福特性、结论和方法是统计意义上的结果，是针对大多数人而言的，并不是对每个人都适用。

本书是一个整体，如果断章取义地截取其中的部分内容，其结论和方法可能不全面或不准确。如果仅采用本书建议的少数几个方法是不够的，可能不会显著地提高幸福程度。这是因为提高幸福程度是个系统工程，就像建造一栋房子，仅用钢筋水泥是不够的，还要有多种必需的建筑材料才能将房子建好。只有全面学习和掌握幸福的科学知识，清楚地了解幸福的特性，遵循幸福的规律，改变观念上的误区，将幸福原理和方法应用到自己的工作和生活之中，并且采取相应的行动，持之以恒，才能提高自己的幸福程度。

在本书的第一章里，讨论了人生的终极追求，介绍了简化的、通俗的幸福定义。

在第二章里，重点阐述了幸福的木桶原理，指出"个人特性"与环境相和谐的人们，比较容易获得长期的幸福。

在第三章里，通过分析如何选择专业、学校、工作单位来说明如何提高幸福程度。

在第四章里，分析了爱情婚姻的本质，并通过具体案例来说明如何在爱情婚姻方面提高幸福程度。

在第五章里，通过案例对已婚人士给出了维护家庭幸福的一些建议。

在第六章里，举例分析了金钱对人们幸福程度的影响。

在第七章里，举例分析了房子、车子、投资理财对人们幸福程度的影响。

在第八章里，给出了有利于孩子一生幸福的一些方法。

在第九章里，分析了健身、体育运动、兴趣爱好、旅游等休闲活动对幸福的贡献。

在第十章里，阐述了健康、医疗保障与幸福的关系。

在第十一章里，分析了自信心对幸福的重要性。

在第十二章里，根据幸福的特性，给出了提高幸福程度的一些具体方法。

在第十三章里，指出了一生幸福的努力方向及具体措施和途径。

为了方便读者进一步学习和了解幸福科学，在附录里，摘要地介绍了幸福的生理基础和主要特性等。书后列出了书中引用文字的参考文献。

因作者水平有限，错误之处难免，真诚欢迎阅读完本书全部内容的读者给出批评意见。

微信号：happylife3333

微信公众号：happiness-club

邮箱：happylife99999@ hotmail. com

网址：www. happiness99. org

目　　录

第一章
通俗的幸福定义

一、人生的终极追求是什么？

人生的终极追求是什么？金钱？权力？名誉？

人因为遗传因素、生长环境、教育程度、生活经历等的不同而具有个体差异性，因此每个人的人生追求千差万别，对幸福的理解和感受也各不相同。尽管如此，社会学家和心理学家的大量调查结果显示，绝大多数的人都认同幸福是人们追求的终极目标。现实生活中被人们追捧的金钱、权力、名誉、地位、爱情等，不过是获得幸福的途径或手段，一生幸福才是我们追求的最终目的。如果问一个中学生追求的目标或期望是什么，他很可能说是考上理想的大学；如果问一个大学生追求的目标是什么，很可能是毕业后考上研究生或找份好工作；如果问一个工作不久的大学生追求的目标是什么，可能是多赚钱；如果我们接着追问，多赚了钱之后呢？可能是买房买车。有房有车后呢？结婚生子……绝大多数人被追问的答案，最后都将归结为我们想通过事业有成，过上衣食无忧、受人尊重、婚姻美满的幸福生活。

有少数人喜欢及时行乐，今朝有酒今朝醉，这是他们追求的幸福，但我们绝大部分人都是理性的人。理性的人是指思想成熟，通过理性思考而非一时冲动来指导自己的行为，为人处世、考虑问题能从长远利益出发，而不只看眼前利益的人。理性人追求的是一生幸福的最大化，即长期的、一生的幸福，而不是短期的幸福，一时之乐。

二、通俗的幸福定义是什么？

幸福是自己的主观感受，而非他人评价。每个人都有自己的幸福标准，如果按照自己的幸福标准去生活，就会感到幸福。但是，别人也按照这个标准生活，却不一定感到幸福。不同的人对幸福的理解和定义是不同的，每个人对自己幸福的定义都是对的，但是不全面、不完整。

有没有一个标准可以用来衡量大多数人是幸福还是不幸呢？回答是肯定的，这个标准就是时间。我们可以用时间来衡量我们幸福的程度，用时间来比较人与人之间谁更幸福或不幸，用时间来评价我们的现在和过去是幸福或是不幸。不管你是权贵还是平民，是富豪还是穷人，我们的寿命最多是100多年。从时间角度来看，大家都是平等的。所以我们在时间这个平台上来评价幸福，对所有的人都是公正公平的。一个人幸福与否，就看在这一百年里，是高兴、快乐的时间多，还是痛苦、伤心的时间多。这样，我们就可以对不同类型人的幸福程度进行比较和评价。

人活100年，100年是一年一年度过的，一年是一天一天度过的，一天是分分秒秒度过的。我们将在较短的时间内，所有"快乐、愉快、舒服、愉悦、高兴、兴奋、开心、喜悦、得意、满足、满意、骄傲、欢快、乐观、享受、乐趣、欣慰"等词汇描述的积极情绪或积极心态用"快乐"表示。较短的时间可以是几十秒钟、几个小时或几天。例如，美食会使我们感到愉快；意外中了大奖，我们感到高兴；从寒冷恶劣的环境忽然转入温暖舒适的环境，我们感到舒服；走出校门，参加工作后第一次拿到工资，我们感到兴奋等。这些主观感受都是一个短暂的幸福感觉，被称作"快乐"。我们将在较短的时间内，所有"痛苦、疼痛、不幸、悲伤、难过、难受、恐惧、焦虑、愤怒、沮丧、忧伤、伤心、烦躁、抑郁、郁闷、孤独、不舒服、不高兴、失望、生气、难堪、害怕、烦恼、羞愧"等词汇描述的消极情绪或消极心态用"痛苦"表示。

通俗的幸福定义就是，在较长一段时间里，所有"快乐"的时间之和减去"痛苦"的时间之和。较长一段时间可以是几年、几十年或人的一生。短期的"快乐"是长期幸福的一个组成部分，长期幸福是短期的"快乐"在时间上的累加。幸福是较长一段时间或一生中，"快乐"总和远大于"痛苦"总和。不幸则是较长一段时间或一生中，"痛苦"总和远大于"快乐"总和。例如，一个人在大学四年期间，快乐高兴的事远远多于痛苦烦恼的事，快乐高兴的时间远远多于痛苦烦恼的时间，我们就可以说这个人在大学四年是幸福的。如果一个人的一生中，快乐高兴的事远远多于痛苦烦恼的事，快乐高兴的时间远远多于痛苦烦恼的时间，那么这个人的一生就是幸福的。

一个人感受到的是快乐还是痛苦，不能凭其他人的主观臆断，也不能完全凭这个人所说的来判断。因为在特定的环境中，一个人所说的可能和他所感受到的完全相反。例如，一位母亲因患胃炎而有时感到胃痛，但并不严重。当她接到外地子女来电话问及她的身体状况时，为了不让子女担心，她会否认胃痛这个客观事实。这种情况下，我们可以用科学仪器进行测量，因为在不同的情绪状态下，人的脑电图等显示的结果是不同的，这种仪器的测量原理类似于测谎仪。在较短时间里，一个人感受到的是快乐还是痛苦，我们可以用科学的方法得出相对客观的结论。这也使得本书中这种简化的、通俗的幸福定义比其他随意性较强的幸福定义更有价值、更有实际意义。

第二章
幸福的主要特性

一、幸福有共同特性吗?

　　每个人的心脏都是不同的,但心电图是差不多的,否则医生就没法通过心电图等科学仪器来检查我们的心脏是否有病,从而给出相应的治疗方案。每个人的眼睛长得都不同,但是眼睛的功能都是一样的,医生可以通过视力表来判断人的视力是否正常。这些都说明虽然我们每个人都是不一样的,但是人体器官的功能却有共同特性。幸福是人的主观感觉,人的主观感觉来自人脑,人脑是人体器官之一,所以即使每个人对幸福的感觉是不同的,但幸福的特性对于大多数人还是有共同之处的。这正是我们研究幸福的基础和意义所在。

二、为什么大多数人做不到知足常乐？

人们常说知足常乐，但实际生活中绝大多数人是做不到知足常乐的，这是由幸福的适应性所决定的。

幸福的适应性就是人的需求和欲望被满足时，会感受和体验到快乐，但人很快就会适应这种状态，这种快乐体验也随之减少或消失。例如，数日未进食的人，随便吃什么食物都能获得很大的享受。当回到正常饮食环境后，很快就会觉得吃饭很平常。当一种需求被满足后，人们总是渐渐视其为一种常态，无法体验到当初的快乐。

这类短暂的快乐在生活中很容易获得，但不能持久，很快就消失了。很多人都有这样的体会，拿到大学录取通知书时非常高兴，但是高兴仅持续一段时间，入校后面临繁重的学业，高兴程度就减弱了，最后消失了。人很快就会适应这种被录取的状态，因而体验不到当初的快乐。

戴维·迈尔斯（David G. Myers）在《社会心理学》中写道："如果我们不断地取得成功，那么，我们将会很快适应成功。从前让我们感觉良好的事件，现在却变成了中性事件，以前让我们感觉中性的事件，现在很可能体验到一种失落感。""我们中的大部分人都曾经体验过适应水平现象。

更多的生活消费品，更好的学业成就，或者更高的社会声望，最初能给我们带来强烈的愉悦感。但是，这一切都让我们感觉消逝得太快。接着我们会需要更高的水平，来让我们体验另一个快乐的高潮。"（Myers，2008）

我自己对此就深有体会。例如，在创业初期，我买了一辆低档车。几年后，低档车换成了中档车，刚换车后的两三个月感觉确实不错，中档车在性能、舒适度等各方面都比低档车好多了，但是过了两三个月以后，开中档车的感觉和开低档车的感觉就差不多了。因为开车上下班的过程中，大部分时间在想工作方面的问题，很少时间在意开什么车。又过了好几年，中档车换成了高档车，开始也是感觉挺好，但是两三个月以后就适应了，习以为常。开车的过程中，大部分时间在想与车无关的事。也就是大多数时间里，开高档车的感觉和开低档车的感觉没有非常大的差别。

幸福的适应性来源于人脑的适应性，这是人脑的一种生理功能，不是人为可以改变的。所以我们大多数人是做不到知足常乐的。人的一生中长期保持快乐幸福的状态是非常困难的。

三、影响一生幸福的主要因素是什么？

认知心理学指出，人的注意力是有选择性的。幸福学研究表明，这种注意力的选择带有倾向性或偏好性。注意力的偏好性指的是，注意力不是平均分配的，它常常指向个体短缺的因素，指向不利于个体利益的方面。注意力优先关注与个体生存、繁殖后代有关的因素。维持生存和繁殖后代的因素是多方面的，哪一种因素短缺，注意力就会停留在这个因素上，提醒个体要去解决这个短缺问题，否则对个体生存和繁殖后代会产生危害。因此，有利于生存和繁殖后代的因素具有优先权。越是威胁到个体生存和繁殖后代的事件，越是受到注意力的关注。

注意力的偏好性是幸福的一个重要特性，这是有利于人类生存和繁殖后代的一个特性。当一个人饥饿时，他的注意力就让他寻觅食物，此时，人脑会分泌让他感到饥饿、难受的化学物质。吃饱后，他的注意力才能转向别的方面。当一个人口渴时，注意力就会引导他找水喝。吃饱喝足后，他的注意力才能转到工作、学习或者娱乐等其他方面。

美国管理学家彼得提出的木桶原理，其核心内容为：如果组成木桶的各块木板的长短参差不齐的话，一只木桶盛水的多少，并不取决于桶壁上最长的那块木板，而是取决于桶壁上最短的那块木板。人的需求是多方面的，需要温饱、安全、健康、感情、尊严、公平等。如果我们将人的每个需求比作木桶的一块木板，桶里的水比作幸福，那么一个人一生的幸福就取决于那些较短的"木板"。哪种需求不能满足，注意力就会关注这种需求，此时这种需求对幸福的影响就最大。例如，多子女家庭，父母往往牵挂着最差的那个孩子，这个孩子对父母的幸福程度影响最大。又如，一个人刚失恋很痛苦，那么此时爱情就是他的幸福"短板"。当同时有几种需求不能满足时，注意力会指向生存最迫切的那种需求。

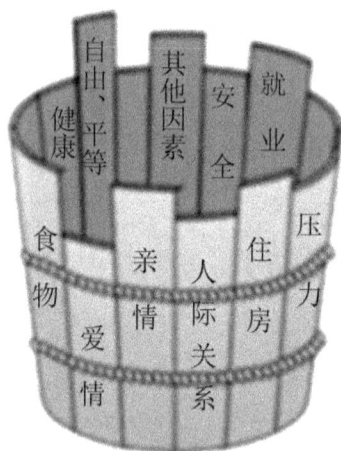

图 1　木桶原理示意图

"最短木板"问题得到解决后，原来的"次短木板"便自动成为新的"最短木板"。例如，当一个人经常吃不饱，同时居住条件也差时，首先要解决吃饱饭的问题，这时食物是"最短木板"。当食物丰足后，居住条件差便成为新的"最短木板"。如果居住条件差这块"最短木板"得到解决，又可能产生新的"最短木板"。例如，搬进了更大的房子，居住环境变好了，但邻居也变了，如果邻居大部分有汽车，而自己没有，则会产生新的需求，拥有一辆自己的车就可能成为新的"最短木板"。

不同的人生阶段，短缺的因素可能不同，人们关注的侧重点也不同。例如，一个刚毕业的大学生，就业、爱情、住房可能是他最关注的，是他的"短板"。一个已有一定经济基础但患有严重疾病的老人，身体健康可能是他最关注的"短板"，即使他拥有财富、权力、地位等其他"长板"，也会因为注意力的偏好性而被人脑弱化或忽略，而将注意力较多地集中在严重疾病这块"短板"上。

不同的人生阶段，"短板"可能不同。"短板"决定这一阶段的幸福程度。人们想要获得持久幸福，就必须尽可能地弥补自身的"短板"，取得人生的整体平衡。所以影响一生幸福的主要因素是人生不同阶段最短缺的那些因素。

四、哪种类型的人幸福程度比较高？

幸福学研究结果表明，当一个人的"个人特性"或称为"个体特性"与其所处环境相和谐、相匹配时，容易获得长期的幸福。

"个人特性"或"个体特性"不但包括血型、肤色、人格特质等遗传因素，还包括价值观、教育程度、能力、技能等与环境有关的因素。"个人特性"的第一个因素是遗传因素，即血型、外貌、性格等因素。第二个因素是环境因素，一个人的成长环境、学习内容、个人经历等在其脑中留下的记忆痕迹，影响着其对幸福的感受。第三个因素是能力、技能因素，包括一个人的生存、学习、适应环境等的综合能力。第四个因素是价值观因素，价值观不同，会导致不同的人对同一事物的评价相差极大。每个人的"个人特性"都是不一样的，即使是双胞胎，如果他们的成长经历不同，两个人的"个人特性"也会不同。比如，一对同卵双胞胎，一个在美国长大，另一个从小生活在中国，不同的环境和经历会使这对双胞胎形成不同的"个人特性"。

设想一个有毅力、能吃苦、具有争强好胜性格，且有轻度残疾的人，他从小生活在竞争激烈的大城市里。在大城市里，通常金钱、权力、名誉、地位是成功的标志。受周围环境影响，他一直都想赚很多钱，或渴望拥有权力和地位。但是，残疾使他赚钱或就业的机会比别人少。虽然他很刻苦努力，并且毅力顽强，但他仍然只能在社会的底层挣扎着，勉强能生存下去。他相互攀比的群体主要是他周围的人，显然，他周围的人因为身体健全，一般比他有更多的机会和更好的适应能力，因此他周围绝大多数人的境况都比他好。在长期技不如人，生活境况不如人的对比下，他极可能产生强烈的挫败感，在社会底层度过悲惨的一生。这是他的"个人特性"与周围环境不适应、不和谐所造成的后果。

如果这个人不是生活在大城市里，而是在一个偏僻乡村的佛教小寺庙里度过一生。寺庙里修行的僧人的价值观是潜心修行，来世将不再受苦。他不必为生存去努力工作，不需要挣钱养活自己，依靠寺庙周围老百姓捐的香火钱，就可以生存。他唯一需要做的事情就是今世努力学习和修行，以获得来世的光明前途。他相互攀比的群体仅是寺庙里的同伴，由于他在学习上的刻苦努力和修行上表现出的毅力，他在寺庙里始终处于中上等地位，他就可以度过幸福的一生。也就是说他的"个人特性"与他的周围环境相和谐、相匹配，他感受到的幸福程度将大大地高于前一种情形。

电视剧《亮剑》里的男主角李云龙，他虽然脾气暴躁、性格桀骜、不服管束，但同时杀敌无数、战功赫赫。在战争年代，只要能消灭敌人就能得到认可和荣誉。如果李云龙生活在和平年代，他不羁的性格、暴躁的脾气可能会有所收敛，但与注重纪律、秩序的和平环境仍不太和谐，他的一生可能是坎坷不平的。李云龙有幸成长在战争年代，他的"个人特性"与环境相和谐，最后成为了一名将军。

以上事例皆说明，"个人特性"与环境相和谐、相匹配的人，比较容易获得长期的幸福。

第三章
学习、工作与幸福

一、如何选择学校?

幸福学研究表明，快乐与幸福是有相对性的。相对性的意思是人的感觉好还是不好，与其前一次经历是相关的。例如，喝了白开水后，吃甜面包感觉甜，但吃了一块糖后，吃甜面包就感觉不到甜了。我们的生活大部分是在比较中进行的，我们是否感觉幸福，不仅取决于我们与过去生活状态进行的比较，还取决于我们与周围人进行的比较。与我们没有直接接触的人对我们的幸福程度有影响，但影响很有限。例如，上市公司的大股东、成功的企业家、影视体育明星等，他们对我们幸福程度的影响较小。对我们幸福程度影响较大的是我们的"同类参照群体"。本书中的"同类参照群体"指的是，和自己情况差不多的人群，是自己周围直接接触的人群，例如，兄弟姐妹、同学，与自己年龄和学历差不多的（尤其是同性别的）亲戚、同事、朋友、熟人等。

在如何选择学校的问题上，我们来看看幸福的相对性是如何表现的。假设某一年一位考生高考超常发挥考了705分，满分是800分，而清华录取分数线是700分，北京理工大学录取分数线是600分，这两个学校均属于理工科且都在北京。调查显示，让考生选择去读哪所学校，几乎所有的考生都会选择上清华。但是，这一定是最好的、唯一的选择吗？从这位考生一生的幸福角度来衡量，上清华不一定是最好的、唯一的选择。

从统计学的角度来看，如果这位同学因为超常发挥考了705分，以他正常的学习能力，如果进了清华，在班级里排名基本是倒数几名。在一个团体或群体里总是排在最后几名，人会感觉压抑、不愉快，很难有幸福可言。如果他选择进入北京理工大学，他考了705分，远远超过录取分数线。按照正常情况，他在班里排名会是前几名。这样，在大学四年的学习生活中，他在各方面一般都会感觉良好，这更有利于他各项潜能的发挥。因此，大学期间他感受到的幸福程度，就可能比上清华更高。

如果他选择上清华，毕业后，假定清华毕业生都进国家机关工作，而他的能力在单位里与他同班同学相比也是倒数几名。5年以后，可能他的同学都做了局长，而他还只是副局长。在未来的职业生涯中，按照统计学规律，他在同事同学圈子里的地位就比较低，自然感觉不会好。相反，如果他选择北京理工大学，假定北京理工大学毕业生都进省一级机关工作。5年以后，假设他做了副局长，而他的多数同学可能还是科长，在同事同学圈子里，他就处于相对优势的地位，他的幸福程度就会比前一种情形高一些。

所以，是否上最好的学校，要根据一个人的具体情况。如果一个人确实有实力，应该选择最好的学校。如果只是一时幸运，选择与自身实力相符的学校，也是一种方式，或许更能提高自己一生的幸福程度。

二、如何选择专业？

高中毕业，很多同学参加高考，面临选专业的问题。通常有两种观点，一是选择以后容易找工作或工资高的专业；二是选择自己喜欢的专业。到底我们是选择就业容易、收入高的专业，还是选择自己喜欢的专业呢？

从幸福的角度看，从事自己喜欢的工作比从事讨厌的工作更容易获得幸福感。所以，人们总是倾向于选择自己喜欢的专业。选择自己喜欢的专业就能获得更多幸福吗？也不一定。能够选择一个自己感兴趣的专业，深入学习后，发现这个专业也很适合自己，并能在以后的职业生涯中把其当作终生的职业或事业，这是非常幸运的。但还有一种情况也很常见。在报考专业时，由于自身知识和经验的局限，对这一专业没有足够深入的了解，只是单纯的好奇或自以为热爱，一旦入学的新鲜感消失，深入学习后才发现，自己并不真正喜欢这个专业，或者非常不适应这个专业。如果遇到后一种情况，显然，当初选择喜欢的专业并不是最好的选择。

还有一点需要说明的是，我们的兴趣爱好有时是会改变的。在某个年龄阶段我们会对某些方面比较有兴趣，但是过了这个年龄阶段或者换了个新的环境，原来的兴趣可能逐渐地消失了。兴趣爱好的变化还与人们的性格类型有关，有的人兴趣爱好比较稳定，会保持一辈子。但也有人对任何事都是三分钟热度，兴趣爱好经常变化，一段时间对某一方面事情感兴趣，过段时间，新鲜劲一过，又对另一方面事情感兴趣了。对于这类兴趣爱好经常变化的人来说，让他选择一个感兴趣的专业，实际上是很难做到的。所以，选择专业要根据自己的实际情况综合分析之后，才能做出相对客观、正确的选择。

选择就业容易、收入高的专业还是选择自己喜欢的专业，是因人而异的，要根据自己的实际情况和家庭情况来做选择，不能一概而论地都选择自己喜欢的专业、做自己喜欢的工作。

　　幸福学指出，人的追求是分层次的。人首先需要解决的问题是生存问题，对于个体而言，就是生存和繁殖后代问题。当个体生存和繁殖后代与追求快乐和幸福发生冲突时，生存和繁殖后代是第一位的、优先的。个体的生存问题解决后，才有可能去追求快乐和享受。如果基本的生存和安全问题都没有解决，理性的人是不太可能去追求快乐和幸福的。所以，每个人需要根据自己的生存现状，即需要根据自己的实际情况来做选择，只有在保障基本生存之后，才能去做自己喜欢的工作，追求更多的快乐和幸福。如果温饱都还不能够保证，就去追求快乐和享受，显然是不现实的。

　　如果学生的家庭经济条件比较好，即使他毕业以后暂时找不到工作或者工资低也没关系，因为家里可以在经济方面支持他，他还可以选择攻读研究生或者慢慢找适合自己或者自己喜欢的工作。对于这样的学生，他可以选择自己喜欢的专业。即使后来发现选择的专业自己不喜欢，以后他也还有时间和机会重新选择，去做自己喜欢的工作。但是，对于家庭经济条件较差的学生，就未必能选择自己喜欢的专业。如果是贫困地区的学生，大学毕业后面临的是要自食其力，解决自己的生存问题，找工作等很多方面都只能靠自己，未来还要担负起赡养父母的责任。在这种情况下，就不能盲目选择自己喜欢的专业，首先要考虑的应该是未来就业前景较好，或者工资收入较高的专业。

三、好工作有哪些标准？

工资待遇是衡量好工作的一个重要标准，但不是唯一的标准，人们可从下面八个方面去判断一份工作的好坏。

1. 自己是否喜欢。很多人为了生存，都偏向选择工资待遇高的工作，实际上这样的选择不一定是恰当的。从幸福的角度来看，是否做自己喜欢的工作是衡量好工作的重要指标之一。因为我们每天的工作时间通常为 8 小时，如果是做自己喜欢的工作，那么，在这 8 小时里你是比较愉快的。如果你不得不做自己不喜欢甚至讨厌的工作，那么在这 8 小时里你是不会感到快乐的。

2. 是否适合自己。假如做的是自己喜欢的工作，但是自身的能力达不到，不能很好地完成工作任务，那么这份工作也不适合你。比如，一位没有表演能力，外形也不够出众的人很想去做演员，尽管她很热爱这份工作，但是，她并不能胜任这份工作。对她来说，这份工作就不适合。所以，就算是自己喜欢的工作，也要考虑是否适合自己，自己不能胜任的工作，无论如何喜欢，也不是好的工作。

我在加拿大认识一位学机械专业的朋友，他对电脑软件非常有兴趣，虽然他并未参加过电脑软件的专业学习，但是由于他平时出于兴趣，在电脑软件方面积累了丰富的知识和经验。他去应聘电脑软件方面的工作时，在面试中的表现非常优秀，一家公司破格录用了他。此后，他一直在这家软件公司工作。这份工作不仅是他喜欢的，也是他有能力做好的，因此是一份很适合他的好工作。

3. 能否学到东西。在工作过程中你能学到东西，能为你以后的职业生涯或者发展做些准备和积累，这也是好工作的一个特征。而有的工作即使你很努力地做，却学不到什么东西。在工作中能学到东西，对年轻人尤其重要。因为年轻人未来的路还很长，现在学到的东西和积累的经验，将来都会给自己增加很多工作机会，提高自己未来的价值。如果一个年轻人每天做着重复简单劳动的工作，哪怕工资待遇还可以，其他条件也不错，也不能算好工作。比如，你就职于一家工厂，每天的工作就是拧螺丝钉，那么长时间以后，你还是只会拧螺丝钉，对你来说，没有学到任何东西，也没有积累到技术含量高的经验，这份工作对你未来的发展几乎没有帮助，那么这份工作就不是好的工作。

4. 是否有职业上升空间。对 30 岁左右的人来说，职业上升空间是判断好工作的重要因素。比如，你选择了一家公司，虽然现在这家公司的许多方面并不十分让你满意，但是这家公司在快速地发展，随着公司的发展壮大，你很可能得到一些展示才能的机会和职位升迁的空间。这时，即使短期工资待遇低一些，或者暂时学不到什么东西，但从你职业生涯的发展角度来看，这份工作也是不错的选择。如果你就职于加工类工厂，做了一个普通员工，那么你很难有更大的发展，因为你的工作性质决定了你的发展空间很有限。

5. 工作环境。我们把工作环境分为两个方面：一是"硬件"环境，如建筑行业的工作者，工作环境比较差，经常日晒雨淋，这就不是好的硬件环境。二是"软件"环境，即人际关系，包括内部人际关系（上级、同事、下级）和外部人际关系（客户、供货商、政府部门等）。如果同事之间竞争很激烈，在工作中你不得不谨小慎微，那么你的工作压力可能就很大。即使这份工作待遇优厚，但是你需要承受很大的心理压力，活得很累，穷于应付，你也不会感到快乐。

6. 工资待遇。这是我们大部分人都比较在意的因素，所以工资的多少也是好工作的一个重要标准。

7. 工作的"性价比"。一个产品的"性价比"是产品的性能与其价格的比值，工作的"性价比"是一个人所得报酬与其投入工作的时间和精力的比值。这个比值越大，工作的"性价比"越高。例如，一位在加拿大工作的会计，她的第一份工作是每小时 9 元，每周工作 5 天，每天 8 小时，工作比较轻松，只是记记账、贴贴发票之类的简单工作。熟练之后，8 个小时的工作量，她 3 个小时就能完成，剩下的时间只要不离开办公室，她可以自由安排。她的第二份工作是每小时 22 元，是原来工资的两倍多，但是随之而来的是沉重的工作任务。8 小时的工作，她需要 10 小时才能完成，周末还常要加班。虽然第二份工作，她的绝对收入提高了，但是她投入的时间和精力是之前的三倍多。从"性价比"来看，第二份工作的"性价比"比第一份工作的"性价比"低。选什么样"性价比"的工作要根据自己的情况。如果自己经济条件不好，就选择绝对收入高的工作。如果经济条件优越，工作只是为了使自己与社会保持联系，那么就可以选择一种绝对收入少，但"性价比"高的工作。

8. 工作压力适度。压力研究结果表明，人长期在压力大的环境中持续工作，身心都会受到伤害，并且，人在强大的压力下不会感到快乐。但一点压力没有也不好，长期处于毫无压力的生活状态中，人可能会感到无聊，会产生寂寞、空虚的感觉。研究结果表明，压力保持在 20% 到 30% 左右时，人的感觉比较好，既不会受到压力的伤害，也不会感到空虚无聊。那么好工作的第八个标准就是适度的工作压力。在人的承受范围内，阶段性的工作压力比较大，或者短期的工作压力比较大是没有问题的。如果超出了人的承受范围，常年累月都在压力大的情况下工作，即使前面的七个条件都满足，这份工作也不是一份好的工作。

四、如何选择适合自己的工作？

就打工而言，完全符合前面八个条件的理想工作几乎是不存在的。所以我们只能根据自己的具体情况，有所侧重地选择一份适合自己的工作。

在不同的年龄阶段，选择工作要有所侧重。例如，刚毕业的学生很难找到高薪工作，就可以找一份能学到东西的工作，先积累经验，提高能力，为将来发展打下基础。如果已到而立之年，工作了较长一段时间，这时重点考虑的就是职业生涯的上升空间以及职业前景。如果是不惑之年，上有老，下有小，家庭负担比较重，这时经济收入就显得尤为重要。

如果家庭经济条件比较好，工资的绝对数量不是非常重要，就可以重点考虑工作的"性价比"，或可以根据自己的兴趣爱好来选择喜欢的工作。如果家庭经济条件比较差，就要重点考虑工资待遇。

如果自己性格是积极进取型的，希望自己拼搏一下，同时父母可以给予经济上的支持或自己已经积累了一定的资金、经验、人脉等，具有一定的风险承受能力，可以尝试自己创业。如果自己性格是保守稳健型的，喜欢比较稳定的工作，不喜欢生活在动荡之中，可以选择公务员职业或去事业单位工作。

总之，我们在就业的时候要通过比较各种职业的特点，根据自己的性格、能力以及能够获得的外部资源等实际情况综合考虑，尽量做到个人特性与工作岗位、工作性质相适应和相匹配，并做好职业规划，这样才有利于我们幸福程度的提高。

第四章
爱情、婚姻与幸福

一、爱情的本质是什么?

爱情、婚姻、家庭对人一生的影响非常重要。如果这些方面不尽如人意,事业再成功、再辉煌也无法填补爱情、婚姻、家庭的缺失带来的负面影响。与婚姻、家庭有关的因素有哪些呢?首先是爱情,爱情的本质是什么呢?

我们先从进化论的角度来分析。人是动物的一种,动物都是由细胞组成的,细胞里面含有 DNA 分子,基因是细胞中 DNA 分子上含有遗传信息的片段,通过复制把遗传信息一代一代地传递下去。生物体包括所有的动植物,它们的生、老、病、死等生命现象都与基因有关。基因的特点是要不断地复制自己、表达自己。

认知神经科学认为，脑内存在情绪的奖赏和惩罚系统。快乐的情绪体验是有利于生存和繁殖后代的副产品之一。快乐是基因为物种生存和繁殖后代而设立的一种奖赏。进食的快乐是为了确保身体得到充足的营养。人饿的时候，食物会变得更好吃，这正是大脑对你的奖励，说明吃东西这件事情，你做对了，它有利于你个体的生存。

快乐是一种信号，表明人体得到了所需要的东西。渴了，需要喝水，喝水时，人感觉到止渴的舒服；饿了，需要吃饭，吃饭的过程中，人感觉到消除饥饿的舒服。

性爱的快乐则是鼓励生殖的手段。"譬如性交，在性高潮时，鸦片剂溢出，因为天性想让我们的遗传物质代代相传。"（Klein，2007）

不管人们快乐还是悲伤，人脑中都不断地发生着电化学反应。人们在失恋、单相思等时候，大脑会分泌一些化学物质，让人感觉到伤心、难过、痛苦。人们在热恋、度蜜月、享受爱情甜蜜的过程中，大脑又分泌出另外一些化学物质，让人感觉到兴奋、快乐、舒服。基因通过爱情来奖励人们生孩子繁殖下一代，这样人类才能一代一代地繁殖下去。所以，爱情的本质是为了种族的延续，是基因不断复制自己、延续自己的一个手段。

二、男女为什么要结婚？

从进化的角度来看，结婚就是让父亲知道谁是自己的孩子，从而更有效地保护和延续自己的后代。结婚的好处在于父母共同抚养孩子，而不是仅仅由母亲抚养孩子，这就提高了孩子的生存率。这是人类适应环境求生存的必然结果。

人类的进化史表明，适者生存。专家们根据化石考证，600万年前，人类改变了四肢着地的行走方式，站立起来，成为今天的人。在这漫长的600万年的生存竞争过程中，人类的很多种族由于种种原因，没能适应自然环境而被无情地淘汰了。现在还存活着的人就是人类进化过程中生存能力最强的种族。

一个人的生存能力不如一个群体。人是群居动物，以群体为生存模式。在群体中，多个男人形成的群体比单个男人形成的群体生存能力更强。

设想在原始社会的一个部落中，如果只有一个男人，当这个部落跟其他部落或野兽竞争的时候，必将是势单力薄、处于劣势，该部落可能很快就被其他有多个男人的部落或野兽所消灭。如果有一群强壮的男人团结一致，该部落不仅有足够的力量自保，同时也具有了相当强的攻击力量来为本部落争夺生存资源。然而，人会老去，本部落不能后继无人。

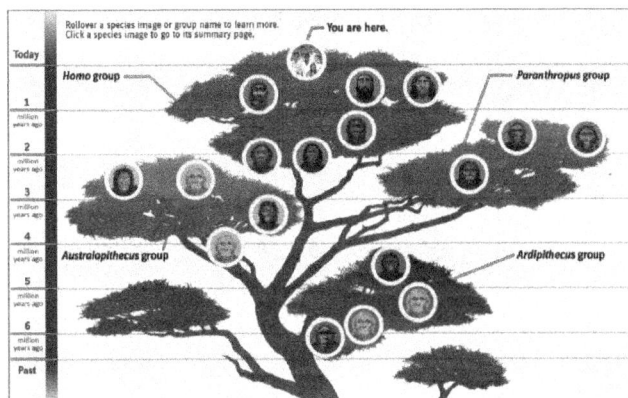

图2 人类进化树 (引自美国国家自然历史博物馆网站，http：//www.mnh.si.edu)

因此，部落首领不能独占所有女人，由男女比较均衡地配对生殖的部落，能更好地繁衍下一代，更好地保持了本部落的生存能力，也才能更好地存活下来。

在群婚制的年代里，母亲知道自己的孩子是谁，会尽力去抚养，但父亲并不知道哪个是自己的孩子，因此不会尽全力去抚养。而以婚姻方式确定夫妻关系后，父亲就能明确地知道哪些孩子是属于他的，因而开始尽心竭力地维护自己的后代。父母两人共同抚养孩子，比母亲单独一人抚养孩子更有利于下一代的存活和成长。另外，结婚的形式确定了特定男人和特定女人的固定关系，规避了男人们为女人争斗的情形发生，也有利于部落中男人们和平相处，团结一致，共同对外求生存。

结婚就是让人们遵循一定的规范，在群体中选择配偶，一起稳定生活。没有婚姻规范男女关系的其他人类种族，在漫长的生存竞争过程中，慢慢就被淘汰了，只有我们现在的人类种族符合这个条件，所以我们就生存下来了。

三、男女的择偶标准有哪些差别?

基因要不断地复制自己、表达自己。人的思想和行为本能地受到基因特性的影响。男人本能地要将自己的基因尽可能多地复制和延续下去。女人也本能地要将自己的基因尽可能多地复制和延续下去。由于男人和女人的身体构造不同，男人和女人复制和延续基因的方式也不同，从而造成男人和女人择偶标准的差别。

人性包含了人的动物性和社会性。动物的特性是，一个雄性动物和多个雌性动物交配，此雄性动物的基因可以更多地得到复制和延续。一个雌性动物和最强壮的雄性动物交配，更有利于它的后代的生存和延续。

江苏省有一个麋鹿自然保护区，春季麋鹿发情时，所有的公鹿为了争夺鹿王而打斗不休。一旦鹿王产生，两百多只雌鹿全都属于鹿王，其他的公鹿都没有交配权。动物园里的猴子也是一样，猴群里公猴们经过激烈的打斗，最后产生一只猴王，只有猴王能跟所有的雌猴交配，其他公猴没有交配权。动物世界里，一个雄性动物跟多个雌性动物交配最有利于它的基因的复制和延续。对雌性动物而言，猴王或者鹿王是最优秀的，因为在动物世界里谁有强健的体力，谁就最容易生存下来。王者的强壮基因遗传到下一代，这样它们后代的生存能力就较强。假设在一万年前，也有一些雌鹿与老弱病残的雄鹿交配，那么它们的后代就不是最强壮的，在与其他鹿群竞争或面对恶劣的自然环境时，它们处于劣势，在漫长的生存竞争过程中被淘汰了。只有都跟鹿王或猴王交配的雌性的后代，遗传了父辈的强壮，才会延续下来。

人类是动物的一种，潜意识里也有这样的动物特性。男人作为雄性动物，表现出人的动物性，这导致男人要在其群体中达到相对优秀，且比较"花心"，才能使自己有更多的后代。女人作为雌性动物，她的动物性则促使她选择相对优秀的男人，才能使自己和后代更好地生存下去。所以，大部分女人都要找比自己强的男人做丈夫，潜意识里是在寻找优秀的基因，使得自己和下一代都能更好地生存下去。调查显示，这个现象不仅在中国是这样，世界上大部分女性都倾向选择更加优秀的男性。

我曾经在新西兰参加一个英语培训班，班里有三四十名学生，分别来自韩国、日本、越南、菲律宾、马来西亚以及巴西等世界不同地区，包括白人、黑人及黄色人种。有一次，老师问女同学理想中的男朋友是什么样子，绝大部分女同学都表示要找比自己优秀、能够依靠且爱自己的男朋友，这就是人的动物性的一种表现。而老师问及男同学希望找怎样的女朋友时，除极个别男生表示希望找个比自己能力更强、更优秀的女人外，大部分男生都表示希望找个漂亮的、比自己弱或比自己年龄小的女生。不难看出，男人和女人在择偶方面的侧重点是不同的。

女人择偶是在选择优秀的基因，选择比自己优秀的另一半，这样在经济方面会更有保障，对下一代的成长也更有利，可以使后代更优秀，适应能力更强，更容易生存下去。一些女性在择偶时将对方有一定的物质基础作为基本条件，如果对方没有一定的物质基础，或没有获得一定物质基础的潜力，这些女性下意识里会犹豫或拒绝。而男性在择偶时一般不会把物质基础作为首要条件。女人选择优秀的男人，也就选择了优秀的基因，使得人类在进化的过程中越来越聪明，在生存竞争过程中就更容易生存下来。很多证据都显示，现代人比古代人更聪明，生存能力也更强。女人这种择偶方式的结果，推动了人类的进步和发展。

男人比女人更看重对方的外貌，男人更喜欢漂亮女人，这似乎和遗传、优胜劣汰没有太大的关系。在动物的世界，孔雀开屏是雄孔雀展开它那五彩缤纷、色泽艳丽的尾屏，向雌孔雀炫耀自己的美丽，以此吸引雌孔雀。大自然规律把漂亮的外表赋予了雄孔雀，雄孔雀美丽，而雌孔雀却其貌不扬。孔雀开屏是为了求偶，是一种生殖行为。对人类来说，大自然规律把美貌赋予女人而不是男人。女人整体上的外貌要远比男人整体上的外貌漂亮，美女的数量也远远超过美男的数量。所以，女人比男人更重视化妆打扮，女人爱打扮本质上就是为了吸引更多的男性来追求她，这样她才有更多的机会选择优秀的基因。男人这种择偶方式的结果是，现代人的外貌比古代人越来越漂亮了。根据古化石以及各种社会调查发现，现代人的身材比例等各方面，都更符合美学的黄金分割率原理，越来越和谐。

四、男人都花心吗？

先解释一下柯立芝效应。柯立芝是美国第 30 任总统，斯特凡·克莱因在《幸福之源》一书中这样写道：

据说，有一次在参观国家农场时，这对总统夫妇分头参观。当柯立芝夫人走进鸡舍时，一只公鸡恰好与一只母鸡进行激烈地交尾，第一夫人好奇地询问了这只公鸡交尾的频率，得到的答复是："一天几十次。""那请您告诉总统先生。"第一夫人对陪同者说。

不久，柯立芝先生也来到了鸡舍，当他得知这只公鸡的"英雄事迹"后，问道："每次都跟同一只母鸡交尾吗？""哦，不，总统先生，每次都与不同的母鸡交尾。"总统先生点点头说："请您告诉柯立芝夫人。"

这对总统夫妇多么正确地认识到，不断追求新的性伙伴不仅仅是对某一些人的折磨。为了表示对这一对目光敏锐的夫妇的敬佩，行为研究学家将因为始终面对一个性伙伴而引起的激情减弱现象命名为"柯立芝效应"。这种效应同样能在许多生物身上观察到。这证明外遇的倾向性是我们进化遗产的一部分。

这种效应在实验鼠身上体现得淋漓尽致。科学家将两只不同性别的实验鼠关进一个笼子里，它们彼此产生了强烈的兴趣，雄鼠与雌鼠交尾。稍事休息，两鼠又开始交尾，依旧那样激烈、坚定。但是，第4次或第5次后就结束了——雄鼠的兴趣突然消失了。它太累了吗？不，它觉得乏味了。这时，如果将雄鼠送进另一只雌鼠的笼子里，它会马上向这只雌鼠猛扑过去，一切会从头再来。

人们甚至可以测量出动物是如何渴望性伙伴的。加拿大的脑研究学家安东尼·菲利普斯就这样做了。他的数据如下：隔着一块玻璃瞥见一只未曾见过面的雌鼠时，雄鼠的多巴胺水平提高了44%，交尾前，多巴胺水平继续提高，升到正常值的两倍，达到高潮后，多巴胺水平迅速下降。下一次，与同一雌鼠交尾时，多巴胺水平的上升幅度要略小一点，几次交尾后，多巴胺水平已不再超过正常值，雄鼠的欲望减弱了。但是，如果另一只雌鼠出现在玻璃后面，雄鼠的多巴胺水平立即上升，一直提高到34%。

　　没有人认为新来的雌鼠要比原来的那只雌鼠好，或者有特别的优势，也不在于雄鼠对新异性的吸引力，而是仅仅因为雄鼠对异性的一瞥，就足够使脑中产生多巴胺。同样，人们可以给雄鼠注射提高多巴胺水平的药剂，那么，所有交尾的疲劳将烟消云散，它还会很兴奋地与它的"老相好"交尾。

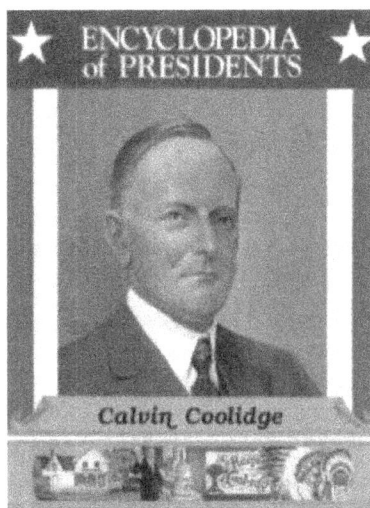

图 3　美国第 30 任总统柯立芝

　　从人的动物性来看，男人在没有约束的情况下，更容易与多个异性发生性行为，这是基因在潜意识地起作用，影响着男人的欲望和行为。从历史上来看，几乎所有的皇帝都是有多个嫔妃的。

　　女人花心吗？

斯特凡·克莱因在《幸福之源》一书中也写道："最简单的逻辑告诉我们，女人的兴趣几乎不可能比男人的兴趣小。所有男性外遇的女性伙伴从何而来？基因测试的数据表明，在人类社会有15%的父亲与孩子的基因不同，他们被来历不明的孩子蒙骗了。"这说明女人也是花心的，只是花心程度比男人弱。当妻子对丈夫不满意时，如果遇到更优秀的男人时容易出轨。

五、真正的爱情存在吗？

人有动物性，从这个角度来看，爱情似乎就不存在了。其实不然，人不仅仅是动物，除了有动物性，人还有社会性。人要遵循社会道德、法律、文化、习俗等。人有思想、有感情，这是人与动物的根本区别。

明朝弘治皇帝，即明孝宗朱佑樘，是中国历史上一位罕见的对女色一生淡泊的皇帝，他不仅没有宠妃，而且没有册立过一位嫔妃，只与皇后张氏过着民间恩爱夫妻式的生活。孝宗自幼经历坎坷，九死一生，所以即位后廉洁而贤明，尤其是在私生活方面，终其一生身边只有张皇后一人。孝宗和张皇后是患难之交，一对恩爱夫妻，每日必是同起同卧，读诗作画，听琴观舞，谈古论今，朝夕与共。在当时的年代，男人三妻四妾纯属平常，身为天子竟能如此，这说明真正的爱情还是存在的。

所以，对妻子忠诚的人大有人在，不必因为人的动物性，而对爱情失去信心。另外，男人要对自己的行为负责，对自己的子女负责。这样的男人组成的群体比那些及时行乐的男人组成的群体，在生存竞争中更有利于后代的生存。那些由只图一时之快的男人组成的群体，在漫长的进化过程中被淘汰了。

六、女人越漂亮就越幸福吗？

女人越漂亮就越幸福吗？不一定。一些例子显示，一个女人的婚姻是否幸福，不仅仅取决于她的外貌，也不仅仅取决于她的智力，而是取决于她外貌和智力匹配的程度，外貌与智力相匹配的女人更容易获得幸福。

如果将女人的外貌粗略地分为三类：很漂亮、中等、较差。聪明程度也粗略地分为三类：很聪明、中等、较笨。追求漂亮女人的男人比较多，漂亮女人选择男人的机会也就多。如果她不是很聪明，反而会挑花了眼，不清楚什么样的男人是适合自己的，最后很可能选择一个追求得最猛烈的男人，而这个人不一定是最适合她的。虽然机会很多，但是她没有识别和把握机会的能力，难以获得婚姻幸福，所以，并非越漂亮的女人越幸福。

有一个女生，因为天生丽质，在人们的夸赞声中长大，可惜成天只注重穿衣打扮，胸无点墨，不学无术。即至长成，外表自然貌美如花，引来无数男人竞相追捧。但几年下来，她依然看不清谁是自己的金龟婿。最后迫于青春将逝，不得不草草嫁一个并不中意的男人。所以漂亮的女人还要有智慧，这样你才能在众多的追求者中挑选到最适合自己的男人。

另一个极端的情况是，很聪明但外貌不佳的女人，这种女人对男人的要求可能会高一些，但追求她的男人较少，她选择男人的机会也就少，或者她根本就看不上周围的男人，所以在这极少的机会中，她很难能用自己的智慧挑到中意的伴侣。

那些外貌与智力相匹配的女人，获得幸福就相对容易一些。有一个女生，在深圳一家工厂工作，初中学历的她相貌平平，是生产线上的一名普通女工。她对男朋友的要求不高，只要男朋友能力比她强，爱她就可以。后来她找到的男朋友是个高中毕业生，是她生产小组的组长。不管工作上遇到任何事，她男朋友都可以帮她解决。她觉得自己的男朋友很优秀，后来结婚了，婚后生活也很满足、很幸福。

女人美丽的外表就像产品的包装，再好的包装没有好的产品质量，也只能取悦人一时。婚姻是两个人几十年的相处，是需要女人良好的内在品质来维持的。长相平平的女性可以通过其他优点吸引男人，找到属于自己的幸福。例如，有一位女博士，外貌较差，但学习很好，考试常常名列前茅。她特别聪明，知道自己的优势和弱项，在婚恋这件事上，她不按常理出牌。在读书期间，就找了个比她小 3 岁，能力也较弱的男生，在学习和生活方面关心照顾他，婚后生活也很和谐很幸福。所以，婚姻幸福是要靠自己争取的。

七、丈夫越优秀越好吗？

不一定。由于女人都想找优秀的男人，因此，一个各方面条件都很优秀的男人，会受到众多女性的青睐。如果一个女人自身条件不太好，即使和一个很优秀的男人结婚了，如果你不能满足他的主要需求或随着他财富的增加或地位的提高，那么他发生婚外情或离婚的可能性就会提高。因此，女人要想清楚自己的主要需要是什么，哪些是不可缺少的，哪些是可有可无的。比如，丈夫很优秀，发生婚外情时，你是否可以容忍？又如，丈夫对你很忠诚，但很平庸、很普通，你是否可以接受？那种你很崇拜丈夫、丈夫也很爱你的理想情况，一般人很少能遇到。

妻子越漂亮越好吗？

大多数男人都喜欢找漂亮的女人作为自己的妻子。那么，是不是妻子越漂亮越好呢？也不一定。如果丈夫没有足够的能力，在家庭中不能保持相对优秀，婚后，妻子对丈夫的爱慕之心会随着时间而减弱甚至消失。如果妻子对丈夫不满意，妻子发生外遇或离婚的可能性就会增加，甚至孩子都可能不是自己丈夫的。

八、什么样的人适合作配偶？

幸福学研究结果表明，人的生存和繁殖后代是第一位的，追求快乐是第二位的。理性的人不是时时刻刻都在追求快乐，为了生存，痛苦的事往往也不得不去做。例如，一些人并不喜欢自己所做的工作，但是为了生存，必须去做。理性的人在生存和繁殖后代有保证的情况下，才会去追求享受和快乐。

如果有两只生活方式截然不同的鸟，一只是笼中鸟，一只是自由鸟，让你选择，你愿意做笼中鸟还是自由鸟？大部分人会不假思索地选做自由鸟，但这样的选择未必正确。我们要根据鸟儿所处的生活环境来做选择。如果鸟儿生活在太平洋上一个经常发生热带风暴的岛上，这里生存环境恶劣，随时都有可能面临狂风暴雨，或面对天敌的威胁，时时都有生命危险。热带风暴一到，鸟儿较难躲避。就算侥幸躲过一劫，下一次风暴又会使它的生命安全处于同样的威胁中。在这样恶劣的环境下，我们应该选择做笼中鸟，在风暴来临的时候，可以安心地在主人家躲避风暴，衣食无忧，就更容易生存下来。如果鸟儿生活在云南的深山老林,那里有天然的屏障保护鸟儿的安全,有丰富的草籽和虫子让鸟儿饱足无饥,更不用惧怕会丧命于热带风暴。在这种情况下,我们才应该选择做一只快乐的自由鸟。

林子里的鸟儿虽然自由,无拘无束,但是它需要辛苦地四处觅食。笼中鸟虽然被拘禁无自由,但是生活有保障,安全无顾虑。要生存,就要有取舍和退让,比如牺牲自由或者其他。所以,在环境恶劣的情况下,做一只笼中鸟或许是一种明智和正确的选择。

我们在择偶时,要选择最适合自己的,而不是选择最优秀的男人或最漂亮的女人。例如,一个赚钱能力很强的优秀女人,可以找个满足自己精神需求的男人;一个生存能力很弱的女人,则应找个能满足自己基本物质需求的男人。为了满足我们主要的需求,我们要有所取舍和退让,鱼和熊掌不可兼得。

九、男人如何提高自己的吸引力?

从女人的择偶要求可知,男人至少在某一方面有特长或表现优秀,才能吸引女人,才能有追求女人的资本。没有能力,没有任何优势,一味地去讨好女人,只能短暂地得到一些肤浅的、没有思想的女人的垂青。即便是追求成功,结了婚，如果没有养家的能力，爱情最终还是会减弱甚至消失的。

按现代社会的评价标准，如果一个男人有赚钱的能力，能积累一定的财富；或是在仕途上达到一定的地位；或是在学术、技术、技能方面达到一定的水平，为社会所认同，这些都是有能力或是比较优秀的体现，是最佳的方法。如果一个男人因为各种原因，在上述三个方面都无法体现出自己的能力，也可以在业余爱好上形成自己的特长，体现自己的优势，比如摄影、写作、美术、音乐、球技等。我认识一个朋友，虽然在同龄人中，他在金钱、权力、专业水平等各方面都很一般，但他爱好摄影，且摄影水平还不错，时不时会在业余摄影比赛中获奖。他的妻子也是摄影爱好者，认识他后，对他很敬佩。最终他的摄影优势吸引了她，使他们走到一起，建立了幸福的家庭。

男人不必顾虑自己的外貌、身高等外表因素，只要不断学习、不断努力、提高自己的素质和能力，做出一定的成绩，为社会所认同，就会获得爱情。下面是两个很极端的例子。《人生不设限》的作者尼克·胡哲是个生下来就没有四肢的人，但他并没有因为自己的外表残缺而自暴自弃，而是通过刻苦学习，终于成为著名的励志演说家，并因此而获得日裔美女宫原佳苗的崇拜和爱慕，两人喜结良缘。自传书籍《你就是奇迹》的作者黄建明是位失去双腿的残疾人。一次事故造成他大腿根部高位截肢，从此变成身高仅 0.85 米的

"半身人"。他一度痛不欲生，但是最终选择了坚强地活着。他给自己取名"半丁"，苦练书法，终于成为著名书法家和励志演说家。书法之于半丁，既给予了他生活来源，更给予了他活下去的勇气，意想不到的是，书法还让他收获了神话般美丽的爱情。2002年3月的一天，半丁在江苏镇江卖字，一群女孩子围上去看热闹，其中一个清秀的女孩正是后来成为半丁妻子的阿荣。当时，阿荣正在一所大专院校读书，和同学们一起逛街时，突然看到一个只有半截身体的人在摆地摊写字、卖字。"那字写得真是太潇洒了，我特别惊讶，这个人真是了不起啊！当时我就特别想去了解他。"阿荣如是说。两人一见如故，阿荣帮半丁收摊，半丁便送给她一幅字。两人由此结识，并成就了一桩美好姻缘。

由此可见，如果一个男人找不到女朋友，自己努力不够至少是重要原因之一。对于男人而言，可以制定一个切实可行的成长规划，逐步实施。当你达到目标，并为社会所认同时，爱情就会到来，外貌、身高、年龄等都不是问题。

对于优秀的男人来说，要想找到漂亮且素质高的女朋友，不能将全部时间和精力都放在事业上。在不损害自己事业的前提下，合理分配一些时间去关注和了解女性喜欢和爱好的东西，在女性喜欢的方面展示自己的能力和优秀素质，发掘和创造一些接触漂亮优秀女人的机会，找到自己满意的妻子概率会大大提高，这样有利于事业和爱情的双丰收，有利于提高自己的幸福程度。

十、女人如何提高自己的吸引力?

根据观察,许多来加拿大投资移民的男人,他们的妻子并不都是很漂亮的。这些男人在国内,一般都是比较成功的人士,可是他们的妻子中,不少也是相貌一般。这些妻子们是怎么嫁给这些比较优秀的丈夫的呢?经过了解发现,她们和丈夫一般都有一些共同的追求或兴趣爱好。与那些肤浅的、徒有外表的女人不同,她们或者对做生意很感兴趣,或者在管理公司方面有自己的见解,在交往过程中逐渐吸引到她的丈夫,最后结婚。所以说,不漂亮的女人不是没有机会,而是缺少识别和把握机会的智慧。

有些女性虽然可以接触到一些优秀男人,但这些优秀男人不一定喜欢她们,爱上她们。除了外貌因素外,是否有内涵和修养,是否与这些优秀男人有共同语言、共同的追求、共同的兴趣爱好也是很重要的因素。

那么如何吸引优秀男人呢?电视剧《亮剑》中有这样一个情节:李云龙军长在南京军事学院学习时,他妻子的一位女同学也在南京。这位女同学喜欢上了李云龙,并且主动追求他,经常请他看电影,给他做饭。她专门买了很多军事方面的书,研究军事理论、战术等。大家知道,没有几个女生喜欢这些东西,她为了让自己和李云龙有共同语言,花了很多时间和精力学习军事方面的知识。身为军长的李云龙听到她在军事方面不凡的谈吐和见解，自然非常喜欢。他感觉与这位女同学更有共同语言。通过这个情节我们可以看到，要吸引优秀的男人，就要关注优秀男人所关注的事情，遇到你很喜欢的男人，不妨积极主动些。这里说的积极主动不是表面上的，而是要主动培养与他同样的兴趣爱好，才能与之有共同语言，才有可能吸引优秀男人对你的注意，让他爱上你。如果结婚后，你的丈夫很优秀，为了不失去他，你最好花一些时间关注他所关注的事情，与他有共同语言，这样才有利于家庭的稳定和幸福。

一些漂亮女人倚仗着自己的美貌，总是要求丈夫事事都顺从自己，按自己的好恶行事。要知道，丈夫满足了你的这些愿望，就不能全力以赴地发展自己的事业。男人要想在事业上有所成功，必须要全力以赴，专注于事业。人的智力差别不是很大，人的精力也是有限的，如果一个男人不全力专注自己的事业，而是花很多时间讨女人喜欢，事业怎么可能成功呢？丈夫不优秀、事业不成功，妻子本身也有些责任。聪明的女人应该放手让丈夫专注于事业，而丈夫事业的成功，反过来更利于家庭的幸福。

十一、如何识别优秀男人?

女性在明确了自己择偶的标准后,需要识别并找到适合自己的优秀男人。虽然在金钱、权力、学术、技术等方面取得一定成绩,并为社会所认同的优秀男人很容易识别,但这些男人可能早已结婚生子了。这时就需要发掘那些因种种原因还没显露其才华、没有被社会所认同的有潜力的优秀男人。女性可以通过以下几方面去观察和了解这些"潜力股"男人。

1. 看一个男人的关注点。男人所关注的东西决定了他的层次和深度,因此,要重点看他是否有追求,追求什么;是否有业余爱好,爱好什么。如果一个男人热衷玩游戏,那么他未来事业的发展状况可想而知。男人最重要的是事业,一个事业心强的男人不甘平庸,会积极进取。男人的事业不一定要轰轰烈烈,但一定要有所成就,能为社会所认同。

2. 看一个男人是否有自信心。如果有,则要看是盲目的自信,还是建立在能力基础之上的自信。有自信心的男人比较有主见,不容易被环境所左右,面对困难和问题,更可能会具体问题具体分析,从而比较容易找到解决问题的正确方法。

3. 看一个男人是否有良好的学习习惯。学习不仅是指读书，学习书本知识，也要不断通过社会实践，学习书本上学不到的知识。有良好学习习惯的男人，容易接受新观念、新事物，不断丰富自己的内涵、提高自己的能力，与时俱进，跟上社会和时代前进的步伐。

4. 看一个男人所交的挚友。物以类聚，人以群分。通过一个男人所交挚友来判断他的素质和层次。社会中的人脉关系是非常重要的，一个男人的朋友圈子将对其人生产生重要影响。

5. 看一个男人是否有责任心。一个有责任、有担当的男人，才是可以信赖、可以托付终身的人。

6. 看一个男人的学识。优秀男人有学识而含蓄内敛，他不张扬，他的才华只在需要的时候才展现出来，决不会为了满足虚荣去刻意卖弄。他如醇厚的酒，越品越有味道。

7. 看一个男人是否重视诺言。优秀男人一般不会出尔反尔，他对自己的每个承诺都相当重视，在许愿之前周密考虑，自己的话是否真能兑现，如不能兑现的话他决不说，言出必行。他的每一句话都让你觉得放心、可信任，而不是那种乱放空炮、迟迟拿不出行动的男人。

8. 看一个男人的言谈举止，性格脾气。优秀男人不夸夸其谈、不随随便便高谈阔论，他会保持适当的沉默。

9. 看一个男人的心胸是否宽广。优秀男人不斤斤计较，不贪图小便宜，不在乎吃点小亏，不喋喋不休地抱怨这抱怨那，他的眼光从不被琐碎事务绊住。优秀男人不以自我为中心，尊重自己，更懂得尊重他人。他们善于换位思考，会站在别人的立场上来考虑问题，不强求别人迁就自己，善于同别人合作。优秀男人不顽固，能接受不同意见，善于采纳好的建议。对于自己的不当决策，勇于承认错误、勇于承担后果。

10. 看一个男人的意志是否坚定。优秀男人有处变不惊的心理素质，他一旦确定自己奋斗的目标，就朝着它努力，遇到挫折，他分析原因，吸取教训，及时修正方向，但决不轻易言退。

十二、什么是"七仙女效应"？

传说，玉帝之女七仙女因感天宫孤独寂寞而思慕人间生活。一日，她随六位姐姐往凌虚台游玩，偶见下界卖身葬父的青年农民董永，被他的忠厚老实所打动，进而萌发爱慕之情。大姐看穿小妹的心事，不顾天宫戒律森严，助其下凡。临行之时又赠难香一支，以便小妹危急时焚香求助。七仙女来到人间，经土地爷说合，槐荫树做媒，与董永结为夫妻。为了帮助丈夫赎身，七仙女去傅员外家做工。傅员外故意刁难，限她一夜之间织成锦绢十匹，如成，便将董永的长工期限由三年改为百日，否则将三年改为六年。七仙女在机房燃起难香求救，六位姐姐下凡相助，一夜织成十匹锦绢，傅员外只得履行诺言。董永做工期满后，夫妻双双愉快返家。途中，董永发现妻子已怀孕在身，赶忙去讨水为她解渴。这时，狂风骤起，空中出现天兵天将，传下玉帝圣旨，限七仙女午时三刻返回天宫，违命则将董永碎尸万段。七仙女不忍丈夫无辜受害，只得将自己的来历向董永说明，并在槐荫树上刻下"天上人间心一条"的誓言，怀着悲愤的心情，返回天庭。

在这个经典的黄梅戏故事中，我们常感叹董永令人羡慕的一番际遇，娇妻温柔能干、美丽动人、善解人意。但我们仔细分析之后就会发现，其实七仙女给董永带来的痛苦远远大于幸福，因为虽然与七仙女喜结良缘的董永确实度过了一段幸福美满的生活，但是时间是很短的，玉帝的命令不可违抗，为保全董永性命的七仙女只能无奈回天庭。七仙女离去后，转眼间董永的幸福烟消云散，这段刻骨铭心的爱情已不在。自此以后他再也不会遇到七仙女这样的妻子，也就不可能再获得刻骨铭心的爱情。那种忽然从天堂跌落的痛楚，很难消失，得到再失去比从未拥有过还要让人痛苦。在以后漫长的岁月里，董永都沉浸在痛苦之中。所以从时间角度来看，七仙女给董永带来的痛苦是远远大于幸福的，我们称这种现象为"七仙女效应"。

日常生活中，如果你以前遇到一位特别优秀的另一半，但是因为种种原因没能走到一起，而你受伤的心再也不会有心动的感觉，这时你表现的就是"七仙女效应"。那么遇到这个问题时，最好的解决办法就是找到一位"八仙女"，即找到比你之前遇到的更优秀、更漂亮的人才能解决所有问题。可是"八仙女"不一定存在，就算存在你也不一定能找到，随着岁月的流逝，你以前的优势可能逐渐失去，也就更难找到满意的另一半了。

解决"七仙女效应"的方法之一是"次优选择"。"次优选择"是经济学里面一个概念，是对应"最优选择"的一个专业词汇，"次"在汉语中含有"差于"、"第二"的含义。追求最优选择是人们的理想，但是在实际生活中，通常都无法做到最优选择。首先，因为信息的不完备性，人们很难获得全部和完整的信息。其次，如果有足够长的时间来做一个决策，也许人们可以搜集到与决策相关的全部信息，但通常人们做决策的时间是有限的，所以大多数情况下，最优选择只是空中楼阁。决策是为了实现目标，那些根本达不到的目标，人们就应该放弃，退而求其次。现实生活中，人们实际上能达到的往往也是次优目标，例如，在企业经营管理中，最优选择不能实施时，选择与现实世界更接近的、令人满意的决策就可以了。次优选择的经济意义在于以有限的资源获得次优但是仍然让人满意的结果。

人们在寻找另一半的过程中，有时需要遵循次优选择的方式。人人都渴望找一个理想的人共度一生。在全世界人口中，各方面条件都符合你的要求，又彼此相爱的这样一个人，理论上也许存在，但现实生活中遇见的概率几乎为零，需要花很长时间去寻找。如果我们能活1 000年，自然可以慢慢找，但是时光易逝，我们的生命是有限的，此时次优选择或许就是最优选择。我们要清楚地确认自己要找的这个人所具有的哪些品质和特征是你非常看重的，哪些是你不能忍受的，比如对方的外貌、学历、能力、幽默感和人品等。确认哪几点是你认为很重要的，那么就在具有这些品质和特征的人群里做一个次优选择，这样就比较容易找到你比较满意的另一半。如果在你关注的这些因素的人群里，你还是找不到，那你可能要调整你的择偶标准，也许你的择偶标准和整个社会标准不相吻合。或者重新审视自己的价值观和一些想法，通过看书或者参加一些活动调整自己的择偶标准，做一个理性的、更符合实际的选择。次优选择增加了找到适合自己的另一半的可能性，也就增加了自己的幸福程度。

十三、什么是择偶的理性标准？

理性标准就是根据自己的客观条件，冷静思考分析后的选择。理性的择偶标准包括以下三个方面。

第一，择偶的标准首先要合理。我们并非一定要找最漂亮、最优秀的那个，而是要找一个最适合自己的。例如，一个女生身高只有一米五，但因为她看到自己一米六五的女同学找了个一米八的男朋友，她也一定要找个一米八以上的，但是找了很久一直没有找到。女生自己只有一米五，而她的男朋友标准是一米八以上，她这个要求与自身条件有点自相矛盾，身高一米八以上的男生不一定喜欢她这样太过娇小的女生，这就是不合理的择偶标准。日常生活中我们制定的择偶条件要合理，不能与自身条件相差太大。

第二，价值观要基本一致。两个人走到一起，一致的价值观体现在生活的方方面面，比如应酬聚会等场合大家一起吃饭，有的人偏向于实惠干净的小餐馆，有的人偏向奢华的高档饭店。又如买房子，在总价相同情况下，可以买两套一室一厅的房子，也可以买一套三室一厅的房子，这时候如果两人意见不同、争执不休就可能发生争吵。如果价值观差别太大，生活中就会产生非常多的矛盾，影响夫妻感情，降低幸福程度。所以，价值观基本一致是择偶的一个重要的因素。

第三，世界上没有十全十美的人，我们自己本身都不完美，要求对方完美是不现实的。每个人都有长处和短处，同样也有优点和缺点。如果对方的优点和长处是你所看重的，对方的缺点和短处是你不太在乎的、可以容忍的，这样两个人就能更好地相处，婚姻幸福的程度就会高一些。比如，有的人觉得钱是重要的，外貌是次要的，那在选择配偶的时候就选择有钱的。有的人喜欢外貌较好的对象，尽管对方的经济条件差一些也可以接受。

十四、如何结识优秀男人或女人？

　　尽管有了合理恰当的择偶标准，然而，找到自己比较理想合适的配偶，彼此喜欢、相互爱慕，也并非易事。现实生活中，由于每个人工作、生活和社交的范围有限，相互了解的异性也有限，因此就限制了选择配偶的机会。在虚拟世界里，通过网上或社交网站虽然可以认识很多人，似乎机会很多，但网上信息的真实性较难核实，且彼此都是单线联系，没有道德约束，难以建立信任关系。因此，网上挑选配偶也有一定的局限性，并不完全适合所有的人。

　　除了在工作中和网上交友外，还有哪些途径可以增加认识异性的途径和选择配偶的机会呢？由于男人和女人的差异性，男人和女人喜欢的活动不是完全相同的。有些活动是男女都喜欢的，比如旅游；也有一些活动是女人比较喜欢而男人不太喜欢的，比如晚上居民小区跳健美操的基本上都是女人；而有一些活动是男人比较喜欢而女人不太喜欢的，比如看足球比赛等，虽然也有小部分女人喜爱这类活动，但相对男人来说还是较少的。也就是说，男女在娱乐活动方面的爱好是有一定差别的。因此，要多认识异性，增加自己选择配偶的机会，除了要积极参与旅游等男人和女人都喜欢的活动外，对男人来说，多认识接触女人的途径就是参与女人们喜欢的休闲娱乐活动，例如学跳舞、练瑜伽、跳健美操等，或是参加一些英语、办公软件、财务等这类女人较多参加的培训班，从而获得更多接触和了解女人的机会，增加选择合适配偶的可能性。

对女人而言，多接触男人的方法就是参与男人喜欢的活动，如学习打球、武术、看足球比赛等，或是参加计算机软件、工程技术等这类男人较多参加的培训班。这样就增加了认识和了解男人的机会，从而也增大了自己选择合适配偶的范围。

对于自身条件较好的优秀女人，通过参与打球之类普通男人喜欢的娱乐活动，可能还接触不到优秀男人。因为有些优秀男人可能忙于事业，很少参加这些普通大众的娱乐活动。因此，优秀女人要想接触到自己喜欢的男人，应该有明确的目标，通过参与相关的活动，来增加认识和选择的机会。例如，优秀女人希望结识企业管理人员或小企业业主，可以去读 MBA；如果希望结识有一定财力的企业老板，可以选择去读 EMBA；如果想认识律师或法官，可以去读在职法学硕士。依此类推，你就可以接触到你想认识的男人，这样就增加了自己挑选男人的机会。

对于父母而言，如果希望儿子以后择偶机会比较多，除了让儿子去学一般男孩才学的武术或跆拳道等外，还可以送儿子去学习芭蕾舞，因为跳芭蕾舞的大多都是女孩。这样，他从小就会多认识一些女孩，长大以后他的选择机会就更多一些。如果父母希望女儿以后择偶机会比较多，除了送女儿去学一般女孩才学的芭蕾舞外，还可以让女儿去学习武术或跆拳道之类的活动，这样她从小就会多认识一些男孩，长大以后挑选的机会就更多一些。

十五、如何提高相亲中初次见面的成功率？

人们在择偶时，只有理性的择偶标准是不够的，还要有"眼缘"，即双方见面或在一起时有好的感觉，或被对方的外表、气质、谈吐等吸引，否则，即使对方的其他条件再好，也枉然。相亲过程中，第一印象很重要，下面就介绍一些有助于提高好的第一印象的方法。

先介绍一下快乐的阈值性或阈限性。阈值性的意思是，只有当外部刺激超过某一数值时，人脑才能感受到。例如，人们喝放入少许盐的水时，不会感觉到咸，只有当盐的浓度达到一定程度时，人才有咸的感觉。假设一个男生相亲多次，尽管他见过的女生中也有综合条件不错的，但由于第一印象不是很好，都没有继续交往下去。下周日他又要去相亲了，他该如何做，才能多给自己一次机会呢？根据快乐的阈值性，他应该降低自己对女性外貌要求的阈值。方法之一，他可以去大街上找几个外貌不出众甚至较差的女人，跟踪她们一段时间后再去相亲。方法之二，他可以收集一些外貌较差的女演员照片，相亲前几天反复看。这样就降低他对女性外貌要求的阈值，提高了初次见面的成功率。

又假设一个女生准备去相亲，在没有见到这个男生前，她听说这个男生很优秀，因此，她希望见面后两个人可以交往一段时间，从而让这个男生来了解她更多优秀的内在品质。这一切关键取决于见面的第一印象，这时就要运用前面提到的快乐的相对性。具体做法就是，找个比自己外貌差很多的女友一起去！

第五章
家庭与幸福

一、婚姻是爱情的坟墓吗?

幸福学指出,人们体验快乐具有回归性。回归性是指人们遇到高兴的事情,兴奋之后,它会自动趋于一种均衡的状态。比如,从很高兴的情绪状态回归到既不是很高兴,也不是很痛苦的一种平静状态。人们感到快乐,是因为大脑内分泌的一种化学物质的作用。这种化学物质的作用时间并不是很长,所以当它的作用消失后,人们的情绪就会回到正常状态。这是基因为达到目的给人们的奖励,但这种奖励不是持续的,目的达到后,奖励就消失了。结婚后,热恋蜜月时期的激情和甜蜜感觉，较难长期持续下去，会逐渐减弱甚至消失，正是这个原因。

当需求得到满足后，快乐的感觉就逐渐减弱最后消失了。"渴望和享受紧密相连，同时这两种情绪也相互对立，它们的关系就像孩子在玩跷跷板：这次一个孩子在上面，下次另一个孩子在上面。谁在渴望，谁就不可能尽情享受；谁在享受他最终得到的东西，他当初的渴望也就烟消云散了。"（Klein，2007）在热恋和蜜月期，男女恋爱的需求得到满足，男女尽情享受爱情的甜蜜，快乐兴奋达到顶峰。蜜月结束，男女最初感受到的那种强烈的甜蜜感觉就会慢慢减弱甚至消失，感情终将回归平静。这就是为什么人们总觉得婚后的甜蜜感觉不如热恋蜜月时期那么强烈的原因。

二、什么是"爱情鸦片"？

男人和女人结婚组成一个家庭，家庭幸福与否对人的一生有重要影响。家庭幸福与否又取决于夫妻关系的好坏。

一般来说，新婚夫妇的感情都不错，大部分家庭刚组建时，两个人的关系是比较亲密的。随着时间的推移，夫妻感情一般都会发生变化。大部分夫妻的婚后感情会逐渐变得平淡，也有一部分夫妻的婚后关系变得糟糕，矛盾越来越多，感情日渐恶化。影响夫妻感情的一个最常见的重要因素，我们称之为"爱情鸦片"。我们知道，鸦片的害处在于，当人们食用鸦片时，会感觉异常兴奋和快乐，但是上瘾后，无法得到鸦片时，给人带来的痛苦和伤害是巨大的。那么什么是"爱情鸦片"呢？就是影视剧里那些理想化的美女帅哥。例如，韩剧里的男主角大多是外表帅气、名牌大学毕业、家庭背景优越等；女主角也都长得非常漂亮、温柔体贴。未婚青年男女经常看这类电视电影，择偶的标准就会提高，增加了在现实生活中找到满意伴侣的难度，这也是出现剩男剩女的原因之一。因为影视里的帅哥美女都是理想化的人物，现实生活中基本不存在。

对于已婚的人士，如果丈夫经常看这类电影电视剧，久而久之就会受到影响。最直接的表现是，他对女性审美标准的提高。当剧情里温柔贤淑的美女们出现在他脑海时，就会感觉自己的妻子不够漂亮、不够温柔。同样，如果妻子沉迷于偶像剧里男主角的高大英俊、家境殷实又专情浪漫等，她一样会不由自主地用这些标准来衡量自己的丈夫，同样会对丈夫产生不满。

"爱情鸦片"不仅存在于影视作品里，日常生活中也随处可见。男人在工作中参加各种活动，和不同行业的各类人交往时，会遇到漂亮优秀的女性，会不由自主地将妻子与她们对比。这些女性在某些方面比自己妻子更漂亮、更温柔可爱，这就对丈夫产生一定的诱惑，甚至感情有所转移，这样就降低了婚姻的幸福程度。女人也是一样，在结婚后的工作和生活中，也会遇到比自己丈夫更优秀、更成功的男人，也会下意识拿丈夫和他们比，对比后提高了她们对丈夫的期望值，可能会觉得丈夫不够优秀、不够成功。如果不能正确对待，就会对丈夫抱怨和不满，婚姻的幸福程度同样被降低。一些夫妻没有意识到这个问题，深受"爱情鸦片"的毒害而不知，对夫妻关系产生严重的负面影响。

生活中的优秀男人或漂亮女人，是不是就适合自己呢？不一定。之前我们分析过，一个女人应该找的丈夫不一定是最优秀、最成功的，而是最适合自己的。你现在的丈夫虽然不是最优秀的，却可能是最适合你的，所以不要被那些成功男人所诱惑，轻则降低了自己的家庭幸福感，重则婚姻破裂。同样，对于男人也一样，那些漂亮优秀的女人未必适合你。如果你没有足够的能力或金钱、地位，即使一个漂亮优秀的女人嫁给了你，最后也可能有外遇或离婚。因为她看不上你，你对她没有足够的吸引力。

现代社会网络通信发达，"爱情鸦片"四处泛滥，我们要尽量少接触各种"爱情鸦片"，少看那些表现完美主义的电视剧、电影以及广告上的美女帅哥，认清理想和现实的差距，减少"爱情鸦片"对家庭的伤害，才有利于提高我们的幸福程度。

三、为什么要培养共同的价值观和爱好？

我们已经分析过，共同的价值观是择偶时要考虑的重要因素，也是保证家庭稳定的一个重要因素，但是，完全一致的价值观是很难实现的。为什么呢？因为每个人的成长环境和家庭背景不同，所接受的教育也可能不同，如此不同的两个人，要价值观完全一致很难。所以，夫妻双方要有意识地去培养共同的价值观。共同的价值观是指，夫妻双方在日常生活中，对事物的总体评价和看法基本一致。比如买房，有两种买房方案，总价相同，是选择买两套小房，还是买一套大房，夫妻双方意见没有大的分歧。再比如，全家外出吃饭，是去高档较贵的饭店，还是中档实惠的餐馆，两人都很默契，不用争吵和讨论，这些就是有共同价值观的体现。

夫妻除了努力培养共同价值观之外，需要制定一个共同的目标。这个相对来说比较容易，因为家庭是一个利益共同体，通常情况下，不管是关于家庭投资还是生活规划，目标基本上是一致的。例如，双方都认为现阶段的重点是计划购买一辆车，或者是家庭成员计划出去旅行一次，这都是一致目标。如果由于工作需要丈夫打算要购买一辆新车，但是妻子认为应该买一套房，最终争执不下，或者是夫妻双方关于是否送孩子去上贵族学校有不同的意见，这时候就会导致夫妻之间的矛盾，影响夫妻感情。家庭目标的分歧，不利于家庭稳定。家庭成员如果保持一致的目标，生活中的冲突和矛盾就会减少，婚姻也会更加幸福。

培养共同的兴趣爱好，也是维持家庭稳定的有效方法。有了共同的兴趣爱好，双方会将注意力集中到一起。比如，两个人都喜欢摄影，他们就会一起关注摄影方面的信息，相互交流摄影技术的过程，有利于增进感情。又比如，两个人都喜欢打球、游泳或旅游，他们会一起关注这方面的信息，一起参与这些活动，有利于维护和增进夫妻感情。夫妻二人能有共同的兴趣爱好固然好，但是，也有很多夫妻无法达成相同的兴趣爱好。这时，就需要有一个人做出妥协，才能保证家庭的和谐与幸福。我们后面将分析，兴趣爱好有很多种，并且兴趣爱好也并非天生的，而是可以培养的。那么为了家庭的稳定，夫妻双方应该主动地培养一个积极的、共同的兴趣爱好。如果一方的爱好是消极的，就应该做出让步，和配偶一起培养积极的兴趣爱好。例如，家庭经济条件不是太好，一方特别喜欢摄影，并且为此花了不少钱，另一方并不赞同这个花费太多的兴趣爱好。这时双方可以根据家庭的实际情况，协商培养另一个积极健康的共同爱好。这样，既化解了矛盾，也减轻了家庭的经济压力。如果两个人的兴趣爱好差别非常大，有可能导致双方在经济和时间分配上，发生冲突和矛盾，不利于家庭的稳定和幸福。

一种共同的宗教信仰也是有利于家庭稳定的因素之一。

如果夫妻双方有宗教信仰，但双方的宗教信仰不同，比如一方信仰佛教，另一方信仰基督教，这样的家庭，因宗教信仰不一样，可能容易造成冲突和矛盾。最好的方法就是双方信仰同一种宗教。

四、为什么相对优秀有利于家庭幸福?

有一对夫妻都在某大学任教，当妻子是助教时，丈夫是讲师；妻子升到讲师时，丈夫已是副教授；妻子升副教授时，丈夫已是教授了。丈夫始终比妻子强一些，保持了自己的相对优秀或相对优势，因此，他们的家庭一直很幸福。丈夫保持相对优秀，在维持家庭稳定方面起着重要作用。

我们已经知道，为了自己和后代生存的需要，女人的基因指引她寻找比自己优秀的男人作配偶。为了保障生活的稳定和安全，女人的基因会时时评估这个男人是不是仍然还优秀。这种评估经常在进行，而且会一直进行下去，并不因为结婚了或生孩子了就停止了。由于基因的作用，如果男人在赚钱能力或社会地位等方面没能保持相对优秀，反而是妻子超过了丈夫，时间一长，必将影响夫妻关系。在丈夫的能力比妻子差的情况下，妻子在基因的作用下，潜意识地会评估自己的丈夫。当妻子认定丈夫不再优秀，甚至还不如自己时，他们的夫妻感情就会开始发生变化。因为对女人来说，爱情产生的基础就是丈夫的优秀，至少是比自己优秀。如果这个基础不存在了，妻子对丈夫就会越来越不满意，感情自然就慢慢消失了。所以在结婚以后，丈夫还是要努力做到在某一重要方面保持相对优秀或优势，这样才能一直赢得妻子的尊重和认同，才能有利于家庭稳定。妻子应该认识到在自己努力奋斗的过程中，当自己在社会地位或赚钱能力等方面比丈夫上升快的过程中，爱情可能正在消失。如果妻子的能力和地位超过丈夫，短期内问题不大，但时间一久，基因就会潜移默化地影响人的思想和行为。妻子会感觉到丈夫不够优秀，会埋怨丈夫没本事等，对丈夫的爱慕之情就会消失。虽然因为有孩子或其他因素不至于离婚，但婚姻质量已经明显降低，幸福程度也就降低了。

　　我认识一个本科毕业的男士，在大学时学习成绩很差，经常补考，成绩一直都是班里倒数几名。因为成绩差，他在班里的地位比较低，班里的女生全都看不起他。毕业后，这位男士辗转到了美国，学习计算机课程后，进入一家公司做程序员，工作比较稳定。后来，他认识了比自己小十二岁的妻子，他的妻子是硕士研究生毕业。在学历比自己高的妻子面前，他是怎么保持相对优势的呢？在一次见面聊天中，我可以感觉到他们过得挺幸福。当这位男士去庭院散步时，我向他的妻子了解他们相识相爱的经过。原来，在他们的交往中，由于年长十二岁，他成熟男人的魅力和丰富的生活阅历，深深地吸引了他的妻子。这位男士在动手能力和生活经验方面都比他的妻子有显著的优势，无论是汽车修理还是电器维护，他都做得得心应手。交往一段时间后，他的妻子觉得他很优秀，总能把自己焦头烂额、难以处理的事情处理得井井有条，并且遇事总能冷静地想出办法，为她指出正确的方向，给她合理有效的建议。成熟男人的魅力和睿智深深地吸引了她，最终他们幸福地走进了婚姻的殿堂。他的妻子满脸幸福地对我说，她觉得她丈夫处理生活中各类棘手问题的能力让她十分佩服，无论什么问题，他都能解决，她觉得自己能遇上这样一位优秀的丈夫很幸福。在大学时，这位男士因为没有体现相对优秀或相对优势，没有女生看得上他，后来找到了能发现自己相对优秀的女生，而赢得爱情和家庭幸福。这就是相对优秀重要性的体现。

相对优秀或相对优势的形成除了前面提到的职称、职位外，对于同龄男女来说，学历差别可以导致相对优秀。例如，妻子是本科学历，丈夫是硕士学历；或者妻子是硕士学历，丈夫是博士学历。这样在同龄人中，丈夫可以在学历方面体现自己的相对优秀。对于具有相同学历的男女来说，由于男女的智力差别不大，在能力方面较难体现丈夫的相对优秀，但年龄差距可以导致相对优秀。例如，夫妻都是本科毕业，但是年龄较大的丈夫在阅历或综合能力等方面可以形成相对优势，这样就有利于家庭的稳定和幸福。

五、如何处理好家庭和事业的关系？

对于现代人来说，爱情和事业都很重要，但是在不同的人生阶段应该有所侧重。高中时候的恋爱虽然单纯甜蜜，但是面临沉重的学习任务和升学压力，就要把学业放在第一位，毕竟人生的路还很长。如果男女二人年龄都比较大了，已经临近结婚，一方突然有机会可以出国学习深造，这虽然对其事业有帮助，但可能会因此导致两个人分手。这个时候如果两个人的感情很好，一方就应该主动放弃出国，毕竟刻骨铭心的感情也很难获得。至于哪个时间段，对我们更重要的是什么，要视具体情况而定。如果一个人一辈子追求事业，他在金钱名誉地位方面可能收获很多，但是如果缺失了爱情，根据幸福的木桶原理，这个人也不可能很幸福。反之，如果没有事业做基础，一味盲目地追求爱情也是不行的，毕竟生存是第一位的。所以，在人生的旅途中，爱情和事业同等重要。

从人的终极追求是一生幸福这个角度来看，对于男人和女人来说，事业和爱情哪个更重要是不同的。这和男女择偶标准的差异有一定的相关性。对于男人来说，通常爱情和事业这两个因素之间，事业是更重要的，是优先考虑的。为什么这么说呢？如果一个男人没有爱情和家庭，那么有朝一日事业成功了，爱情和家庭都会有的。如果一个男人有了爱情和家庭，但是他没有自己的事业，无法负担家庭的责任，那么他的爱情和家庭也会失去。所以对于男人来说，事业是第一位的，是更重要的，有了事业，其他都会有的。没有事业，其他的东西有了也会失去。相反，对于女人来说，爱情和家庭是第一位的，如果一个女人没有事业，但是她有美满的爱情和家庭，她也能拥有幸福的一生。与男人不同的是，一个女人事业成功，不一定导致美满的爱情和家庭。如果一个女人只有事业，没有家庭和爱情，通常这样的女人是不幸福的。因为根据幸福的木桶原理，爱情和家庭的缺失始终是她的短板，会直接影响她的幸福程度。一般来说，一个优秀的女人，如果她找到一个比自己更优秀的男人，那么大部分情况下，这个女人是愿意为了自己心爱的男人放弃自己的事业，在身后支持自己的丈夫，陪他一起去奋斗的。因为女人的幸福很多是来自丈夫的事业成功、孩子的聪明优秀，她也会从中得到很多的快乐和幸福。所以，对于女人来说，在夫妻关系融洽、丈夫深爱自己、家庭稳定的情况下，当爱情、家庭与自己的事业发生冲突时，爱情、家庭是第一位的、更重要的，事业则是次要的。

第六章
金钱与幸福

一、富人们都非常幸福吗?

不一定。心理学家的调查显示,即使非常有钱的富豪,例如《福布斯》杂志上最富有的100个美国人的幸福感仅仅比平均水平高一点,而且其中一些富人确实并不快乐。"一个拥有惊人财富的富翁根本想不起自己任何快乐的回忆。"(Myers,2008)也就是说富豪们并没有人们想象中的那样幸福。

其中原因似乎主要有以下两个方面:

1. 边际效用递减规律

经济学中,"同一物品的每一单位对

消费者的满足程度不同，随着所消费的物品的增加，该物品对消费者的边际效用是递减的，这被称为边际效用递减规律。"（厉以宁，1992）

某一外部刺激逐步增加时，人们体验到这个刺激所导致快乐的增加是逐步递减的，而不是呈正比关系。例如，饥饿时，吃第一个面包最好吃，第三个差一些，第五个更差一些。口渴难忍时，喝下去的第一口水是最甘甜的。

从没有钱到逐步有点钱的过程中，人们首先要解决基本的生存需求。金钱可以直接地、明显地解决由物质短缺引起的痛苦方面的问题。但是当人们的基本生存条件得到满足后，爱情、亲情、友情等精神方面的因素成为影响人们幸福的主要因素，而这些因素并不是完全用金钱可以直接买到的。

2. 木桶原理

富人同样面临着健康、爱情、子女教育等非金钱可以直接买到的东西。富人有富人的"短板"，如果富人有一块"短板"无法解决，那么很多时间注意力都停留在这里，体验着它所带来的烦恼和痛苦。那么这块"短板"很大程度上就决定了他一生的幸福程度。例如，"一位女性报告说，她认为金钱无法化解由孩子的问题所带来的痛苦。"（Myers，2008）"孩子的问题"就是这位女性的"短板"，是她不可回避的问题。她的注意力经常被吸引到这个痛苦的问题上。

二、比尔·盖茨的幸福程度是我们的多少倍?

权力顶峰的美国前总统小布什,财富顶峰的世界首富比尔·盖茨,这两个人的幸福程度比我们普通人要高多少呢?

我们把一天分为两部分,睡眠状态和清醒状态。假设每人每天平均睡 8 个小时,剩下 16 个小时处于清醒状态。我们再把人们在清醒状态从事的活动分为三大类:生产类活动、维持性活动及休闲类活动 (Csikszentmihalyi, 2009)。

在每天 8 小时的睡眠状态中,如果我们睡得好,小布什和比尔·盖茨的幸福程度就不会超过我们普通人的三倍。即使他们睡在黄金床或象牙床上,也未必会天天做美梦,不会每天睡觉都是兴高采烈的。对于普通老百姓,只要你睡眠质量好,这 8 小时的幸福程度跟小布什、比尔·盖茨是一样的。再看清醒状态的 16 小时中,他们比我们快乐的时间多多少。

我们先来说生产类活动,即工作,以获得经济收入为目的的活动,是我们为了求得生存和生活舒适而不得不做的事。我在自己创业过程中,有过这样的体会,一开始生意做得比较小,赚1 000元钱就很高兴,如果赔了1 000元钱,就会让我很难受。过了一段时间,生意做得大了点,只有当赚了10 000元钱时，我才会很高兴，损失了10 000元钱，我才会很难受。由此推论，每个人的标准是不一样的，比尔·盖茨可能对一百万美元的利润不屑一顾，可能要获得一亿美元的利润才会使他高兴。但是，他赚一亿美元的高兴程度可能和我们普通人赚10万元钱的高兴程度是差不多的。因为脑神经科学显示，人脑对外部刺激的反应是有极限的，是边际效益递减的。

在工作的8个小时中，比尔·盖茨他们的工作环境比我们普通人好，但他们同样有烦恼的事情，不一定比我们的幸福程度高很多。不同的人烦恼的事情是不一样的，当本·拉登指挥恐怖分子用飞机撞了纽约世贸大厦之后，小布什可能寝食难安，需要处理很多相关事宜，压力很大。但我们普通人还是一样正常生活，吃饭工作一点没有耽误，因为这事和我们没有直接关系，我们不需要为此承担任何压力。不同阶层的人都有烦恼，只是烦恼的来源不同而已。每个人都会面临不同程度的烦恼，我们普通人为琐碎小事烦恼时，大人物则在为世界大事件而烦恼。所以，可以估算，在生产类活动的8小时中，我们和小布什、比尔·盖茨的幸福程度不会差很多倍，最多是他工作的8小时很高兴，我们很不高兴。

在维持类活动即饮食、烹饪、打扫卫生、购物、家务事、梳洗、穿衣、打扮、开车、乘坐交通工具等活动中，如果没有什么特别烦恼的事，我们早晨起床后穿衣服、刷牙洗脸，与小布什、比尔·盖茨应该也是一样的，很难想象他们每天早晨起床后穿衣服、洗脸刷牙还兴高采烈的，最多是他们比我们吃得好，天天山珍海味。所以，在维持类活动中，人们的幸福程度差别不大。每天大概 2~3 个小时的维持类活动中，我们和小布什、比尔·盖茨的幸福程度差不多。

在休闲类活动即阅读报纸杂志、看电视、上网、聊天、社交、兴趣爱好、体育运动、健身、听音乐、看电影等活动中，小布什、比尔·盖茨的娱乐方式比我们更丰富，幸福程度比我们高。我们普通人在家看看电视，他们可以经常四处度假。我们打羽毛球赢了，可能就感到高兴，他们可能要打高尔夫赢了，才会感到高兴。这样平均算下来，我们普通人和他们的差距没有想象那么大。从时间的角度看，只要我们普通人睡眠质量好的话，这两位顶级人物的幸福程度最多是我们普通人的 3 倍。按地位、金钱、时间平均来计算，其他富豪、明星、达官显贵们的幸福程度应该都不会超过他们两个人。所以，其他人的幸福程度，按时间来算，一般不会高于我们 3 倍。这样，我们的心里就感觉平衡了很多。

很多时候我们觉得不幸福，是因为我们在与周围人相互比较。比如，原来和自己差不多的同学或者朋友，现在发财了，会让你不舒服；和你一起工作的同事，升了局长，你却没有升等，这些都会让你感觉不高兴。通过以上分析我们看到，他们的幸福程度至多是你的 3 倍，所以不必太介意。

三、赚多少钱才算够?

钱的本质是劳动和商品交换的中介。赚多少钱才算够,要转换为人们有哪些需求和欲望,满足这些需求和欲望需要多少钱。人的欲望和需求是没有止境的,也是不断变化的,一个需求满足了,新的需求又产生了。这里我们只分析普通人生活中不可缺少的必需品的满足,需要多少钱才够。

物质生活的必需品,就是一个人生存的最基本的物质需求,如食物、衣服、交通工具、住房等。赚多少钱的最低标准就是经济收入能负担得起这些生活必需品的支出。只有达到这个标准,才能满足日常生活的正常开支,否则人们就会因为基本物质匮乏而感到不幸福或痛苦。比如,住房条件很差,简陋破旧、下雨时还漏雨,这会让我们感觉很不幸福。又如,交通工具不能满足需求,寒冷刺骨的冬天,我们不得不顶着风雪步行很远上班,这个过程也会使我们感觉很痛苦。又如,若买不起房子,至少要租得起房,才能保障自己的住房需求。除了物质必需品外,人们还需要满足基本医疗保障、子女教育、维护家庭的基本费用,维护亲情、友情的基本开支等。另外,我们还需要储备一部分钱,以防备偶尔出现的突发事件。综上所述,满足生活的必需品、基本保障、意外费用,这三项费用的总和就是赚钱多少的"底线"。幸福的前提条件是，我们基本的生存和繁殖后代的需求得到满足。如果长期缺乏生活必需品、不能满足基本保证条件，我们将较多地感受到痛苦，就难有幸福可言。因此，我们的收入至少要达到这个"底线"，才不致因为保障因素的缺失而感到痛苦。

第七章
住房、汽车理财与幸福

一、房子有哪些功能?

房子作为人们的居住空间,最基本的功能是居住功能。人类最先开始修建房屋,是为了能够在一个可以遮风挡雨的地方居住,有一个基本的生存空间。但是,随着社会的进步,人们购买或修建房屋开始有了各种各样的目的,房子对于现代人类而言,它的功能已经远远超出其最基本的功能了。

其一是房子的保值和投资功能。为应对通货膨胀,一些人买房子的目的是为了保值增值。随着房价的上涨,一些人把买房子当作一种赚钱的手段,利用其价值的上升来盈利。

其二是房子的"面子"功能。从社会评价的角度而言，拥有大房子是一个人成功的标志、身份的象征。如果你拥有一个豪宅，有些人可能会对你表示尊敬。换而言之，如果你可以负担得起一个豪宅，至少你有这个能力，在某一方面你取得了一定的成功。

其三是房子的心理功能。对于有些人而言，拥有一个属于自己的房子，家的感觉、归属感、安全感也会随之而来。

那么，豪宅和经济适用房之间有什么区别呢？经济适用房是生活的必需品，它只拥有房子最基本的居住功能。而豪宅则是生活的奢侈品，它除了拥有最基本的居住功能和舒适方便之外，更重要之处在于它是一个人成功的标志、身份的象征。

图 4 和图 5 是比尔·盖茨的房子，坐落于海湾，装修风格别具特色，他的客厅装饰得类似热带海洋鱼馆，坐在客厅茶几旁的沙发上，就仿佛置身于热带的海洋鱼馆。

图 6 是沃尔玛股东之一沃尔顿的房子，在他的别墅里有网球场、游泳池等。

由此可见，许多豪宅除了最基本的居住功能之外，主要还是作为身份、地位的象征。豪宅将我们普通人生活中的很多公共设施，如游泳池、网球场、海洋世界、图书馆、餐馆、美术馆、博物馆都囊括其中。

图 4　比尔·盖茨的房子

图 5　比尔·盖茨房子的客厅

图 6　沃尔顿的房子

二、买多大的房子才合适?

住房是人们生存不可缺少的一部分，但是房子是不是越大越好呢? 关于居住面积，我做过多次调查，大部分人觉得四或五平方米的卧室太小了，一些人觉得十平方米就差不多了，也有人认为 20 平方米左右最佳。但是，当我问到 100 平方米的卧室好不好时，所有人都觉得太大了。大家都认为在一百平方米的卧室里放入床、柜、桌等卧室家具后，仍会有空空荡荡的感觉。有一位移民，他在加拿大温哥华有套上下两层的房子，每层大约 100 多平方米，一家人住在上面一层。后来他回国了,他的妻子带着两个小孩居住在楼上,夜晚有时候楼下有点声响,他的妻子就会很害怕,有事要下去厨房也战战兢兢,索性把下面的灯整夜开着。如果房子小点,就不会有这种感觉。因此,就住房的居住功能而言,房子并不是越大越好。

那些购买超过居住功能的房子的人,多半是为了展示自己事业的成功、身份的高贵或者作为一种投资的手段。住在豪宅里就一定幸福吗?也不一定。我咨询过一些成功人士,其中有一位是世界 500 强公司的一个销售总监。在社会上,他有一定的地位,住在有海景的豪宅里,但是他很少有时间去享受海景。他能升至销售总监这个位置,是十年努力的结果。在这个位置上,他有丰厚的收入,有名誉,有地位。由于他是销售总监,如果他负责的业务到了一年的 8 月份,仍未完成全年销售计划一半的话,他的压力就会急剧上升。因为,如果他某一年销售任务完不成,就有可能面临下岗或者被别人代替的危险。在周末或闲暇里,他的大部分时间都会去想工作上的事情,因为这些事对他太重要了。如果他这个工作岗位失去了,将对他造成极大的负面影响。所以,他必须全力以赴去做好自己的工作。在晚上或周末,他有时也会站在阳台上看海景,但却没有多少享受海景的心情,在他脑海中依旧是工作上的事情。在那一刻,这套有海景的豪宅,对他当时的心情是没有贡献的。因为一个人快乐与否,和他的注意力有关。如果他无任何压力，漂亮的海景会使他愉快。如果他时时承受压力，海景房对他当时的心情就没有积极的贡献。因为他不会整天想着住在豪宅里，他的心思大部分用在他所要处理的事情上面。

因此，我们买多大的房子，要根据自己的实际情况。如果经济条件不是很宽裕，就住房的居住功能而言，一套满足基本居住功能的房子便是最佳的选择。事业成功的标志、身份的象征可以通过其他方式去体现，比如权力、专业技能等。而投资的途径也有其他方式可以选择。如果单纯为了面子，为了攀比，购买了超过自己经济能力的房子，幸福程度可能会降低，因为来自多赚钱的压力会成为新的"短板"。如果能理智地处理好这个问题，这样就不会因此而降低自己的幸福程度。

三、买什么价位的车？

现在我们来分析下，买什么价位的车比较合适。高档车和普通车对于我们快乐的贡献有多大差别呢？首先来看下汽车的功能：第一，是作为代步的交通工具，汽车的发明和使用使得我们的生活更便捷，这是汽车的实用功能；第二，高档汽车在某种意义上也是身份的象征、成功的标志，所以，高档车实际有两个功能——实用功能和"面子"功能。就实用功能而言,高档车比普通车行驶起来更平稳舒适,同时质量也更有保障,安全性能好,减少了很多麻烦。如果购买普通车或者性能不佳的低档车,时不时出现小毛病,甚至在半路抛锚,那就会给你带来很多烦恼。但高档车带给人们高兴快乐的持续时间并不会比普通车多很多。前面已经分析过,因为人脑有适应性,一旦适应了新的事物之后就习以为常,不会给我们带来更多快乐的感觉。作为身份的象征,如果外出洽谈生意,高档车就是实力的一种体现,可能会增加你成功的概率。比如,一家公司要购买商务用车,这时尽管需要贷款可能也要考虑高档车,因为这是工作需要,至少在表面上,高档车是公司实力的一种体现,有助于增加合作伙伴对你的信任。如果是家庭用车,就不一定靠车来提升你的地位,去赢得别人的尊重。如果你经济实力很强,那么可以选择购买名牌车。如果经济条件有限的话,可以选择一些性价比高的中档车或低档车,在自己有限的经济能力范围之内,根据自己的实际情况,合理配置财产,均衡消费,使得幸福的每块板都不会特别短。

　　总之,无论我们选择购买什么价位和档次的车,都是取决于自己的实际情况和用途,这样才有利于增加自己的幸福程度。

四、是否投资股票?

这里分析投资股票,不是讨论能从股票赚多少钱,或者怎样投资赚钱,而是讨论从事股票投资这类事情带给我们多少快乐和烦恼,或者我们如何在股票投资的过程中增加我们快乐的时间,减少我们烦恼的时间。在开始分析是否应该投资股票这个问题前,我们要先解释一下快乐的不对称性。什么是快乐的不对称性呢? 大量数据调查表明,人们得到 1 万块钱带来的快乐时间或者快乐程度小于损失 1 万块钱带来的痛苦时间和痛苦程度,这就是快乐的不对称性。快乐的不对称性指的是人们对快乐或痛苦的感受是不对等的。也就是说,巨大收益只为幸福带来少量利润,而少量损失就给幸福带来巨大亏损。

我们再来分析是否要做股票投资的问题。我有一位校友,他以前从来不关注股票等金融产品,但是在 2006 年,受到周围人的影响,他也加入了购买基金的行列。数月之后,他的基金有了收益,至少从账面看是赚钱了。此后,他开始花时间和精力来关注债券、股票、基金等金融方面的信息。在了解到股票收益可能比基金收益更大后,他开始了股票投资交易。他购买了某只股票,购买的发行价大约是一千股 3 万元钱,上市的第一天就涨到 6 万元,第二天涨到 7 万

元，第三天涨到 8 万元，第四天涨到 9 万元后开始回落到
8.5 万元。接连三天的大幅上涨使得他既高兴又兴奋，可是
好景不长，第五天股票继续下跌，从 8.5 万元跌到 8 万元，
一整天他都处在后悔和懊丧的情绪中，他想着等股票再涨到
9 万元就抛售。这只股票连跌 6 天后跌到 6 万元左右时，他
终于忍不住抛售了。每当回忆这 9 天左右的炒股历程时，他
坦言，只是前 3 天他是很快乐、很兴奋的，其余的 6 天更多
的是后悔和懊丧，尽管这只股票最后还是赚了钱。一年之
后，我再次询问他："从入市到现在，投资股票是赚钱还是
亏钱？"他回答说："没赚也没亏。"我又问："投资股票的
这一年中，股票买卖这件事给你带来快乐的时间多还是烦恼
的时间多？"他毫不犹豫地回答说："当然是烦恼的时间更
多。如果赚钱了，那本该是快乐的事情，但是常常会因为自
己没在价格最高时抛出，没赚到最多的钱而后悔和懊丧。赚
钱时并不十分开心，赔钱的时候，心里就更难受了，自己辛
苦赚来的血汗钱就这么没了，心里的难过和烦恼、痛苦就不
言而喻了。"

如果是金融方面的专业人士，从事股票投资等行为，那
是工作，另当别论，他们在自己熟悉的金融领域，因为拥有
专业知识和特别的信息渠道，赚钱概率较高。但是，对于普
通老百姓，由于快乐的不对称性，人们害怕危险要比寻找幸
福更强烈，即使你在投资股票过程中赚到一些钱，但是股市
总是在上下波动，股票上涨、账面盈利给我们带来的快乐程

度总是小于股票下跌、账面亏损给我们带来的烦恼和难受程度。相比而言，输了让我们更心痛，赢了却未必给我们带来更多的快乐。因此，一般来说，撇开投资因素，就买卖股票、持有股票的时间而言，买卖股票可能给大多数普通老百姓带来烦恼痛苦的时间多于高兴快乐的时间。

第八章
子女教育与幸福

一、让孩子学钢琴还是电子琴?

随着生活水平的提高，在孩子的课余时间，很多家长都会有意识地培养孩子多方面的兴趣爱好和素养，比如学习一种乐器。调查显示，无论在国内还是海外，大多数有一定经济条件的华人家庭都选择让孩子学习钢琴。我们从快乐的角度，对此现象进行分析。大多数家长都不是音乐家，没有相应的音乐环境，没有音乐天赋，其孩子成为钢琴家的可能性微乎其微。因为在音乐上要达到很高的水平，与后天环境、先天因素都有关。那么，大多数家长让孩子学习钢琴的目的就是为了培养孩子的音乐素养。因此，在选择乐器的时候，不一定非要让孩子去学习钢琴。钢琴是乐器之王，学习的难度很大，比如钢琴本身没有节拍。这样孩子学习钢琴的进展就会很慢，孩子也容易逐渐产生一种挫折感，这就降低了孩子的学习兴趣，绝大多数孩子会半途而废。

一位父亲让女儿学习钢琴，为女儿买了一架价格不菲的钢琴，但他的女儿在学习一段时间后就不想继续了。我以前的一个同事，他的孩子也是这样，后来他为孩子换了一位钢琴老师，虽然继续了一段时间，但最终还是停止学钢琴了。这样的例子太多了，其结果是家长投入了金钱，孩子投入了时间，但没有达到培养孩子音乐素养的目的。更糟糕的是，如果孩子不想学钢琴，但在家长的压力下不得不学，孩子在学习过程中是不快乐的，这样就降低了孩子的幸福程度。

如果一个非音乐家庭出生的孩子不去学钢琴，而去学一个相对容易学的乐器，比如学电子琴、手风琴等，也许是更好的选择。例如，相对于钢琴来说，电子琴简单了很多，有较多的辅助功能，可以设置节拍，有利于孩子掌握节奏，也比较容易学会更多的基础知识。假设让孩子学习钢琴1 000个小时，可以掌握20%左右的钢琴演奏技能。但同样让孩子学习电子琴1 000个小时，却可能掌握40%左右的电子琴演奏技能，这样孩子在学习电子琴的过程中比较容易感受到进步，容易有成就感，也就比较容易对所学东西产生兴趣，这样孩子持续学习的时间可能就会久一些，同样可以达到培养其音乐素养的目的。

除此之外，相对于钢琴而言，学习电子琴有一个好处就是携带比较方便，孩子学到一定程度以后，如果班级举行活动，有文艺表演节目，孩子就可以参加，这种实践活动有利于孩子多方面的成长。

因此，家长应该避免受从众心理的影响，而是根据自己孩子的实际情况，花相同的时间和金钱，选择适合自己孩子的某样东西去学习。这样，孩子可以在学习的过程中玩，在玩的过程中学习，寓教于乐，会得到更好的效果。尤其重要的是，在孩子的学习过程中，他们会逐渐对所学东西产生兴趣，这就增加了他们的快乐时间，同时也就增加了他们青少年时期的幸福程度。

二、孩子上越好的学校越好吗？

子女教育是每位家长都要面对的问题。我们发现，无论是在国外还是国内，在孩子读小学、中学、大学时，大部分家长都会尽力将孩子送到一些相对较好的学校，目的是为了给他们一个良好的学习环境。

那么，孩子是不是上越好的学校越好呢？不一定。我们之前分析过，个人特性跟环境相和谐的人幸福程度比较高，因此，孩子上什么样的学校要看其个人特性是否与其所上学校的环境相适应、相和谐。

有个同济大学的老师，他的儿子当年在上海一所区级重点初中读书，在班里的学习成绩排在前几名，感觉良好。孩子初中毕业，他希望儿子考复旦附中，复旦附中是上海名列前茅的市级重点中学，其学校毕业的学生基本上都可以考上重点大学。按平时成绩来看，他的儿子本来是考不上复旦附中的，但中考时他的儿子超水平发挥，成绩刚好达到复旦附中的最低录取分数线，如愿以偿地进入复旦附中学习。但复旦附中高手如林，他的孩子不适应这样高强度的学习环境，学习成绩退步很快。第一年，他努力学习，成绩在一段时间内有些起色，但是后来不管他再怎么勤奋刻苦，甚至每天除了几小时睡觉外，其余时间都在学习，但学习成绩依然很不理想。于是他的自信心彻底崩溃了，干脆就不想学习了。他觉得自己这么努力但成绩仍然较差，丧失了自信心和学习的动力。他的儿子在丧失自信心的一段时间，终日无所事事，甚至还闹过离家出走。无论他的父亲怎么样努力做他的思想工作都不管用。后来，他只考上了一所大专，入学半年后因为生病休学回上海家中。在他的父亲反复给他做思想工作之后，他开始认识到大专不是很有前途，于是便退学复读，一年后终于考取了一所普通本科。这时他所读的大学虽然不是重点大学，但他在班里学习成绩排在前几名，自信心逐渐得到恢复。本科毕业之前，他进入一家跨国公司实习，由于其出色的表现，实习结束后顺利被这家国际知名公司录用。在花了八年帮助自己儿子重新恢复自信心后，这位老师认识到，这个教训十分深刻，他的儿子折腾了一大圈，最后终于回到了正常生活的轨道，由于当时期望过高，差一点就把自己的孩子毁了。

还有一位家长，花了不少钱把自己孩子送到重点中学，但是他的孩子学习成绩在班里总是最后几名，学得很辛苦，父母活得也很累。时间久了，严重打击了孩子的自信心，对孩子的未来形成了负面影响。

所以，孩子是不是应该上最好的学校，是因人而异的，并非每个孩子都适合重点学校这样高强度的学习环境。如果你的孩子学习能力强，能适应这样的环境，那么上好的学校当然好。但如果你的孩子学习能力一般，不适应这样高强度的学习环境，而你非要送他去上重点学校不可，最终是得不偿失，让孩子身心疲惫，丧失了自信心，这样不利于孩子一生的幸福。

三、如何有利于孩子一生的幸福？

父母都希望自己的子女一生幸福，那么如何提高孩子的幸福程度呢？其中一个比较好的方法就是孩子要"穷养"。即在孩子的成长过程中，在物质方面故意为他提供一个比较艰苦的条件，通过降低他的快乐阈值和期望值来增大其未来的幸福空间。无论孩子出生在富裕还是贫穷的家庭，从出生起，他就接受了自己的生活环境。对于刚出生的孩子，感受不到环境好坏的差别。因为一个小孩没有能力客观理性地去判断环境和物质条件的好坏。比如，一个出生在贫穷地区的孩子，出生时家庭经济条件差，他自然接受这个现实。而一个出生在富裕家庭的孩子，从小就住高档别墅，他出生以后也接受了这种现实。在安全、健康的前提下，父母可以通过降低孩子的生活标准，从而降低孩子的快乐阈值，这样就会增加其未来的幸福空间。就像人们买股票一样，买进价格较低的股票，之后股价才可能有较大的上升空间。

在孩子的成长过程中，如果在各方面都为他提供优越的条件，那么他以后幸福的空间就很有限，这样不利于孩子一生幸福的最大化。例如，加拿大一位投资移民，他的儿子考上大学时，他就给儿子买了一辆宝马车，从这个孩子一生的幸福程度来说，这不是一个最佳方法。一开始就开宝马车，不久他就会适应了、习惯了。如果一开始先买差一点的车，以后再换一辆好一点的，逐步提高，这样每次换车他都会高兴一段时间，在车这方面，他享受的乐趣就会多些。一开始就开高档车，那么他在汽车方面的乐趣就到顶了，以后没有更多的享受空间了。

我的一位亲戚，他的孩子高中毕业参加高考，考上了大学后，作为对孩子的奖励，他准备让妻子暑假期间带着孩子外出旅游，住五星级酒店，享受最好的旅游服务。我建议这个朋友不要这样安排。因为，如果父母带高中毕业的孩子住豪华的五星级酒店，孩子在无形中就提高了对住房要求的标准。反之，如果父母让孩子住普通的一星级、二星级酒店，对于还没有进入社会的孩子，同样会接受和习惯这个住房标准。在住房方面，孩子的快乐阈值就会降低。未来他参加工作或组建自己的家庭之后，出差或旅游的话，如果他的经济能力有限，没有能力负担豪华酒店的费用，只能选择一星级或二星级酒店，他就不会感觉到失落和痛苦。如果他以后职业生涯发展得很好，能够满足自己住豪华酒店的需求，则会给他带来更多的享受和快乐。

选择交通工具也是同样的道理。例如坐飞机，如果有钱的父母经常安排孩子坐头等舱，孩子在无形中就提高了坐飞机的标准。如果他成家立业后，没有负担头等舱的经济实力，只能选择乘坐经济舱，这会让他感到失落和不舒服。因此，父母带孩子出行时，即使父母有负担头等舱的经济实力，但从孩子一生的幸福程度而言，还是选择经济舱为好。

父母是否有必要给孩子买名牌产品呢？人们购买名牌产品可能有三个方面的原因：一是它的功能多，如名牌手机的功能很多，我们使用起来会很方便；二是它的质量好，不容易损坏，普通产品可能经常会出现一些质量问题，给我们带来一些麻烦；三是名牌产品价格相对贵些，购买和使用名牌产品证明我们的购买力，体现我们的经济能力，满足了人们的"面子"功能。如果购买和使用普通产品能够满足使用功能，就不一定给孩子买名牌产品，即使父母很富有。因为经常给孩子买名牌产品，提高了他的快乐阈值。如果孩子未来的赚钱能力比较弱，买不起名牌产品，会使他感到烦恼和失落，降低了他的幸福程度。

第九章
休闲与幸福

一、健身等体育运动对幸福有什么影响？

现在来分析休闲与幸福的关系。休闲就是在自由时间里，在无压力的状态下做一些自己喜欢的事情。休闲活动分为两类：第一类是比较随意的休闲活动，即不需要太多的技能，比如逛街、看电视、跑步等；第二类是比较认真的休闲活动，需要一定技术和能力的休闲活动，比如打网球、高尔夫球、下围棋、象棋等。因为不管是下棋还是打球，你如果不掌握一定的技术就做不好，可能也得不到快乐的体验。

休闲活动还有主动和被动之分,比如,

看电视就是被动的休闲活动，在看电视的过程中人们被动地获得信息。但是网球、乒乓球等运动就是主动的休闲活动，需要你主动去学习和练习。假如你被动地站着不动，是学不会打球的，也不能从中获得快乐的。

在这些各种各样的休闲活动中，如何使快乐的时间多一些呢？首先，我们要了解这些休闲活动是怎么给我们带来快乐的。以健身活动为例，比如跑步、远足或是散步之类非竞赛的休闲活动，在运动的过程中，大脑会分泌一些化学物质，使得人们感到轻松舒服、心情愉悦，这就是非竞赛休闲活动给人们带来的快乐体验。这些业余的休闲活动也锻炼了人们的身体，有利于人们的健康。

再来分析带有比赛性质的、需要分出胜负的休闲活动。比如，在网球比赛过程中，假如你很在意比赛的结果，那么比赛的输赢就会对你的快乐有较大的影响。如果自己总是输，那么你就会感到不愉快。下棋也是一样，如果输了就会有负面情绪，赢了才会感到快乐。在比赛过程中，你参加哪种活动差别并不是很大，打高尔夫球并不会比打乒乓球获得快乐的时间多很多。因为在打球的过程中，不管是打高尔夫球还是打乒乓球，赢了就会给你带来快乐的感觉，输了则会给你带来不愉快的感觉，除非你不在乎输赢的结果。不管是打高尔夫球还是打羽毛球、网球、乒乓球，输赢的结果给人们带来的快乐时间和快乐程度是差不多的。如果经济条件允许，你喜欢打高尔夫球，可以参加高尔夫球的比赛。如果经济条件不宽裕，去打羽毛球、网球、乒乓球等，效果也差不多。因为输赢的结果对人们快乐的贡献差别并不是很大。

参加哪种类型的休闲运动取决于你的爱好。每个人都是不同的，无论你喜欢打球、下棋，还是打太极拳、练气功或是练瑜伽。只要你喜欢且能够坚持下去，这些休闲活动都有助于我们获得快乐的体验，增加我们快乐的时间。

二、为什么要培养积极的兴趣爱好？

兴趣爱好因人而异。有人专情于某一项，比如喜欢摄影，会花很多时间研究摄影技巧，经常外出拍摄各种风景和人物照片。有人则涉猎广泛，瑜伽、网球、游泳样样都试。只要是自己经济条件负担得起的兴趣爱好，人们都能在这个过程中获得快乐。如果做得好还会有成就感，也有助于自信心的增强。

通常兴趣爱好可以分为三类：一类是积极的兴趣爱好，其后果有利于个人的成长或健康。例如，打球有利于身体健康；读书可以学到知识，提高自己的能力。一类是中性的兴趣爱好，其后果对生活没有很直接的正面或负面的影响，例如，玩不带赌博性质的扑克牌等。还有一类是消极的兴趣爱好，其后果是有害的，比如赌博、酗酒。

一项兴趣爱好的养成除了个人兴趣，也有很多偶然的因素，很多是受环境影响的。比如，喜欢钓鱼的朋友可能是因为周围有朋友是喜欢钓鱼的，渐渐自己也受影响。那些喜欢打球的人可能是周围有喜欢打球的朋友。一个人天生就有某种爱好的不常见，大多都是在后天环境的影响下培养出来的。我们应该培养一些健康、积极的爱好，既有利于自己的身心健康或某项技能的提高，同时在这个过程中也可以获得快乐，提高我们的幸福程度。

三、旅游对幸福有什么贡献？

心理学研究结果显示，好奇是人的本性。人有好奇心是进化的结果，假设在人类进化过程中有两类人，一类是有好奇心的人，另一类是没有好奇心的人。设想在远古时代，在一片树林里，一旦附近有一点异常情况，有好奇心的人可能就会去关注，弄清楚是什么原因，可能附近是一只老虎，他意识到有危险，就会采取预防措施，避免了被老虎吃掉。没有好奇心的人不够敏感，还在悠闲地睡觉，很可能就沦为老虎的美食。所以，那些不具有较强好奇心的人在漫长的生存进化过程中被淘汰了。我们的先辈都是充满好奇心的那类人，所以在恶劣的自然环境中最终生存下来，好奇心的特性也就遗传给了我们。

好奇心的满足，是快乐的来源之一。旅游是一种休闲方式，是满足人们好奇心的一个途径。人们去陌生的城市，看各种不同的风景，与不同的人交往，旅途中充满着未知的因素，那种新鲜感可能让我们心情愉悦，充满着期待去体验不同的经历。所以，在自己的经济条件允许的情况下，可以经常去不同的地方旅行，甚至是环游世界，欣赏秀丽的自然风光，去体验当地的文化和不同种族、不同国家的风土人情，包括饮食习惯、生活习俗等。在旅游过程中人们的好奇心得到了满足，就会感到高兴和快乐，也就提高了人们的幸福程度。

第十章
健康医疗保障与幸福

一、为什么要首先避免痛苦因素？

影响幸福的三类因素中，第一类是"保障因素"。"保障因素"是指那些与人们的痛苦有关的因素。缺少这些因素，人们感受到的是痛苦，而拥有这些因素，人们不会感到由于缺少这些因素所导致的痛苦，但也不会感到幸福。比如，空气、健康、安全、自由等。

当疼痛减轻时，好的感觉就随之而来。当疼痛完全消失后，好的感觉也会随着时间的推移逐渐消失，人们的注意力又转向其他方面。当自由受到限制，人们体验到痛苦。自由受到限制到解除限制的过程中，可能有积极的情绪体验。比如，刚从监狱里被释放出来的几小时或几天里，可能会感到高兴。过了一段时间后，自由这一事件被逐渐淡忘，好的感觉也就随之消失，人们的注意力又转向其他方面。没有失去自由的人，注意力很少停留在是否自由这一事件上。当人们的生命或财产受到威胁、面临危险时，人们体验到恐惧和痛苦。人们由危险状态转为安全状态的过程，可能有积极的情绪体验。如果人们长期处于安全的环境中，安全因素就不会对人们的快乐和幸福有贡献了。

上述分析说明，在短的时间里，健康、自由、安全可以对快乐有贡献。但人们长期处于健康、自由、安全的状态时，健康、自由、安全对快乐和幸福就没有贡献了。当人们失去健康、自由、处于没有安全的生活环境中，人们就会体验到痛苦、烦恼和恐惧等。同样，当人们觉得社会不平等、不民主，或受到不公正、不公平地对待时，人们就会感到生气和愤怒等。但当人们长期生活在民主社会，没有感到不平等、不公正、不公平，这些因素对人们的快乐和幸福就没有贡献了。

缺少"保障因素"，人们就会感受到痛苦。而拥有了这些因素，人们不会感到由于缺少这些因素所导致的痛苦，但也不会因为拥有这些因素而感到快乐和幸福。

人们在追求幸福的过程中，首先要考虑的不是如何获得更多的幸福，增加更多快乐的时间，而是首先要避免痛苦的时间，只有在尽可能减少痛苦的情况下，我们才能将更多的注意力集中在快乐、愉悦的事情上，使得我们有更多的时间来享受高兴和快乐的事件，增加快乐和幸福的时间。因为根据注意力的偏好性，人们往往会将注意力集中在不幸、痛苦的事件上。如果我们很多时间都在追求快乐的刺激，由于没有避免那些痛苦的因素，最终我们的注意力会被痛苦的事件吸引，从总体上来说我们高兴的时间就减少了，所以我们应该首先避免痛苦的事件，解决痛苦的问题，在这个基础之上再去追求快乐，增加高兴的时间。例如，富人和穷人的差别并不是富人快乐的时间比穷人多，而是富人痛苦的时间比穷人要少得多。所以，对于普通老百姓，如果痛苦的时间很少，我们幸福的程度跟富豪和权贵们的相差是不大的。

二、身体健康一定幸福吗？

幸福学研究表明，幸福的必要条件之一是身体健康、医疗有保障。幸福的必要条件也是幸福的前提条件，长期不具备这些必要条件，就难以感受到幸福。具备这些必要条件，也不一定幸福，其他因素也会导致痛苦。不具备这些前提条件，人们较多地感受到痛苦，无幸福可言。

身体健康、医疗保障属于幸福的"保障因素"，是幸福的必要条件，但不是充分条件。没有健康，人们感受到疾病带来的痛苦。身体健康，人们不会感受到由于健康缺失所导致的痛苦，但也不一定会感到幸福。例如，很多在生产线上打工的年轻人，由于其工作的技术含量低，工资待遇也比较低，虽然他们大多数人都身体健康，但未必都是幸福的。同样，完善的医疗保障体系可以减少来自疾病所导致的痛苦。

　　保持身体健康才可能有一个中性的平台，才可能有较多的机会、较长的时间去体验快乐，从而达到一生幸福的最大化。

第十一章
自信心与幸福

一、自信心是怎样影响幸福的?

自信心对一个人的幸福影响非常大。自信心强的人比较有主见，不容易受外界的影响。自信心弱的人则从众心理强，易受他人影响。但是每个人都是独一无二的，每个人的个人特性也是不同的，对别人合适的事情，对自己不一定就合适。走适合自己的人生道路，使得自己的个人特性与自己所处的环境相和谐，幸福程度才比较高。自信心越强的人，从众心理就越弱，比较容易走适合自己的路，而较少受到从众心理的干扰，因此幸福程度会比较高一些。

　　有个三口之家,夫妻两人在温哥华都有稳定工作,买了套 40 万元的三室两厅公寓。两人工作一起还房贷,一个孩子读书,日子过得还不错。后来这个朋友发现周围的人都买了独立的别墅,由于他的自信心不是很强,就觉得自己的公寓和别人的别墅相比,让他有点没面子,无形中给自己增加了一些烦恼。两年之后他咬咬牙买了一栋 100 万元的别墅,开始他觉得很高兴,觉得自己和别人一样住别墅了。但随后他发现生活并不像他预期的那样更幸福,每月别墅的房屋贷款让他很有压力,还要为前后院的草坪付三百多元的利息,还有其他一些支出等。这时,尽管他并不喜欢自己的工作,但是迫于较高的房贷和支出,只能继续支撑。对于有钱人来说,如果有能力买大房子当然没有问题,但是对他来说,他没有这个经济能力,因受从众心理的影响,为了满足他在周围朋友圈里的“面子”,就买了超过他们经济能力的大房子,生活很节俭,导致实际生活质量的下降。为什么会导致这个现象呢?之前我们分析了关于幸福的木桶原理,我的这位朋友在房子、“面子”方面的“木板”是增长了,但工作压力、还贷款压力等方面“木板”却变短了,由于“短板”决定幸福程度,所以虽然他的房子是更大更好了,房前屋后还有草坪,但是住一段时间之后,来自工作上、生活中更多的烦恼使得他没有多少心情去享受大房子的舒适环境,所以实际上他的日子过得还不如以前,自信心弱、从众心理强导致他的幸福程度下降了。

二、自信心是怎样形成的?

研究表明，一个人自信心的强弱同其权力、金钱、名誉地位等有一定的相关性，但并不是成正比的，而是更多地取决于他的人生经历，即与自信心的形成过程有关。我有一个朋友身居要职，经济条件也很好，但是在跟他交流的过程中，我发现他并不是很自信，因为他从低层奋斗到现在的位置经历了很多人事纷扰，过程不是一帆风顺，经历了很多挫折和失败，所以他的自信心并不是很强。

"文化大革命"期间，很多知识青年都要上山下乡，前途渺茫。我听一位作家说，当时部分青年就希望通过文学创作走出一条路来。因为那个时期，如果在报纸杂志上发表了作品，就有机会脱离农村生活。其中有位文艺青年花了一两年的时间读了大量小说和写作技巧方面的书后，开始了他的小说创作。作品完成后他就向一些报社期刊投稿。开始被退回后，他总结可能是写作技巧欠缺，并未气馁，认真修改过再次投稿，但是又被退回。一次次尝试后，仍然一篇也没发表。他反思觉得自己可能不适合写小说，于是开始改写散文，又花了一两年的时间，遇到的问题和写小说一样，还是一篇也没有发表。虽然自信心再一次受打击，但他仍没有气馁，又改写诗歌，所有的过程又重复了一遍，但依旧没有发

表一篇作品。一次次打击过后，他的自信心彻底崩溃了。他开始迷茫了，不知道他以后到底该做什么了。这位作家说，这个文艺青年是有写作天分和能力的，只是当时众多其他因素使得他一直不顺利，最终导致他自信心的彻底丧失。

又例如，有一个杂货店老板，虽然他的学历不高，但自信心却很强。因家境贫寒，他初中毕业就外出到处打工。后来到了一家杂货店工作，由于比其他人更加勤奋，深得老板欣赏，慢慢就让他负责较多的业务，最后让他当了一个分店的负责人。在这个过程中，他经常给自己设定一些比较小的目标，因为目标不高，所以每一次他都能完成。日积月累，他的自信心不断增强。由于工作难度不大，做起来得心应手，自我感觉良好，觉得自己也可以当老板，经过一段时间准备和积累，最后自己创业，开了一个杂货店，一步一步发展成为了一家连锁超市，而他自己也因为成功的经历而显得信心十足。

由此看出，一个人的自信心和生活经历、过程有很大关系。如果设定的目标与自己的能力不符，经过一次又一次的失败后，自信心就会减弱。如果设定的目标和自己能力相匹配，经过努力，一个一个的目标都实现了，自信心也会随之增强。

三、如何建立和保护自信心?

第一,对未来有目标、有规划。目标要合理,如果你给自己定的目标太高,与自己的实际能力不符,在实现目标的过程中你会很痛苦,如果经历太多的挫折,可能会打垮你的自信心。如果是长远目标,要把它分解成阶段性的小目标,然后逐步去完成,在这个过程中,每当你实现一个小目标,你的自信心就会增强一些,日积月累,不断实现阶段性目标后,你就能建立较强的自信心。

第二,给自己的自信心留有余地。也就是说,做一件事时,不一定要全力以赴。以前在读大学时,我的自信心也不是很强,每次考试我都很重视,一定要考到 90 分以上,这时,为了达到目标,我往往会全力以赴,如果因为粗心大意或者别的原因没有达到 90 分,我的自信心就受到打击,感觉沮丧。研究生学习期间,我发现这个问题后,每次考试我就没有那么看重了,复习完后,考试的前一天晚上我有时会去看电影。如果第二天考试考得好,自然很高兴,且增加了一份自信。如果考得不太好,也不会很沮丧,因为自己没全力以赴,头天晚上还看了电影,这就给没考好找了一个客观理由,也就保护了自信心。实际上,在准备考试或为了达到目标而努力的过程中,你付出百分之九十九的努力和百分之百的努力对结果的影响是很小的，但如果你留百分之一的空间给自己的自信心，就保护了自己的自信心。反之，如果你什么事都想做到极致，过度追求完美，如果经常达不到目标，久而久之，你的自信心一定会丧失。

第三，做一件事情，如果成功了，就把功劳归结为自己主观努力的结果，如果失败了，就把原因归结为客观原因，这样也可以保护自己的自信心不会受到严重伤害。比如，你做一个旅游规划，如果玩得很开心，你就把功劳归于自己规划得好。如果玩得不愉快，你就把它归结为客观原因，如天气、交通等，这就保护了自己的自信心。

第十二章
提高幸福的一些方法

一、常见的幸福误区有哪些?

1. 很多人对幸福及其特性没有正确的认识,存在认识上的误区。例如,很多人往往过高地估计了别人的幸福程度。看到自己没有的东西感到不快乐;看到别人拥有的东西认为他们正在享受着快乐。而实际上别人并没有享受到他们拥有东西带来的快乐,而是体验着他们没有的东西带来的烦恼。人们时常误以为别人比自己幸福,例如,我们只看到影视明星光彩照人的一面,而他们遇到的困难、压力等我们并不知道。他们遇到的困难也需要去克服,压力也需要去面对,在此过程中都有负面的情绪体验。我们以为他们经常生活在掌声中,高估了他们的幸福程度。

2. 一些人往往错误地认为我们的目标实现后,会得到长期持久的快乐和幸福。但幸福不仅仅是在某一时刻对生活满意度的评价,更是一段时间里体验快乐的过程。幸福不是一个目的地,目标实现后,强烈的快乐兴奋体验会逐步减弱,最终可能消逝了。

研究表明,经过一段时间的努力我们达到既定目标之后,快乐兴奋的感觉并不会保持很久。比如,经过努力拿到大学录取通知书的那一刻你会很兴奋,但是这种状态持续一段时间之后就消失了,你会面临着新的环境和事情。每一次我们达到一个目标或者获得一次成功的时候会很兴奋,但是这份兴奋很快就会消失了。圣经中最古老的遗嘱描写了国王科亥里(Kohelet)在他拥有的财富超过他的所有前任后感觉到的空虚:"然后,我思考我所有的行为和费尽力气得到的财富,结果这一切都是一缕清风,一掬空气……而这清风和空气却让我烦恼了一辈子。"(Klein,2007)煞费苦心才获得自己期望的巨额财富,但结果并未给他带来自己期望的那么强烈的兴奋和幸福。

人们在日常生活中通常都会产生很多的欲望,通过努力或者某种手段达到了既定目标,满足自己的欲望之后就会感到快乐和兴奋。实现这个目标的方式有很多,这里我们分析其中的两种方式:一种是分阶段、分步骤去实现,每个阶段完成以后都会取得阶段性的进展，都向大目标前进了一步，我们就会感到高兴。将大的目标分成很多小的目标，一个一个实现的过程会使得人们感到高兴。另一种就是为了实现目标忍耐一段时间的艰苦生活，甚至是痛苦的过程。这样做短期内是可以的，但是如果这个过程持续的时间很长，比如十年，这十年你都很痛苦地生活着，即使十年后最终实现了这个目标，你会感到很高兴和快乐，但是这段快乐的时间很短，用不了多长时间就消失了。因此为了实现目标，人们不应作出长期的、太大的牺牲。所以我们应该选择第一种方式，假设确定了 10 年的奋斗目标后，每半年、每年都有阶段性的进展，这样你就会经常感到高兴，在这个过程当中享受生活、体验快乐，幸福程度也就提高了。

二、如何减少不快乐的时间?

我们提高自己幸福程度的方法有两个：一是尽量增加生活中快乐的时间，二是尽量减少痛苦的时间。减少了痛苦、不愉快的时间，实际上也就是提高了我们幸福的程度。

例如，我们不可能每次吃饭都觉得很好吃，学生长期在学校食堂吃午饭，或上班族经常在公司附近吃快餐，久而久之就会觉得不好吃，但又不得不吃。那么怎么减弱饭菜不好吃给我们带来的负面感觉呢?

先解释一下快乐的综合性。快乐的综合性是指，在任何一个时间点，人在主观上感受到快乐或者痛苦，是各种外部因素、人体内部因素以及意识状态共同作用的综合结果。例如，一个有胃病的人在西餐厅里和朋友共进晚餐，一边吃食物，一边听音乐，同时感到胃有点痛，又得知自己买彩票中了奖。此时这个人的主观感受是胃痛、食物刺激、声音刺激、信息刺激以及注意力停留在哪个因素上的综合结果。如果他专注于和朋友聊天，可能就不会注意到餐厅播放的是什么音乐，如果他专注于听音乐或品尝美食，那么可能就没有完整理解朋友所表达的意思。如果他胃痛剧烈，那么他可能就无法专心享受美味佳肴和优美的音乐了，所以注意力关注什么很重要。

在遇到饭菜不好吃的时候，我们就可以利用这一特性，比如，可以边吃东西边看电视或听笑话或和别人聊天，这样，你的注意力就集中在电视、笑话或和别人交谈中，你没有关注饭菜这件事，饭菜不好吃的这个因素就被削弱了，也就减弱了饭菜不好吃的感觉。相反，假如我们在享用名贵美食时，我们就要尽量少说话，避免分散注意力，认真品尝，才能从美食中获得更多的享受。如果边吃饭边和别人聊天，那么注意力就被转移了，这些美味佳肴的好吃程度被减弱了。了解了快乐的综合性之后，我们就可以在日常生活中通过调整生活方式来减少不愉快的时间，增加高兴和快乐的时间。

三、如何培养积极的心态?

增加快乐的持续时间的一种方式就是保持积极的心态。很多书里都提到我们要培养积极的心态，活在当下，但是说起来容易做起来难。例如，一个人找工作找了很长时间仍找不到工作，这时他要保持积极的心态很难。所以，我们需要分析培养积极的心态有哪些方法，给自己一个能接受的理由和说法，使得我们比较容易朝着这个方向努力，然后逐渐培养出积极心态的习惯。通常情况下，对生活中发生事件的评价会影响我们的情绪，如果所做的事情得到很好的、积极的评价，我们就会感到很高兴；如果得到的是不好的、消极的评价，我们就会感到生气或烦恼。下面举例说明如何对一件事做出积极的评价。假设一个男生邀请自己喜欢的女生共进晚餐，希望这女生能成为他的女朋友。筹划整个约会花费了男生的时间和精力，终于顺利与女生共进晚餐，在三个小时一起吃饭聊天的过程中他感觉很愉快。之后可能会出现两种结果，一种结果是他如愿以偿和女生喜结良缘，那顿晚餐给他提供了展示才华的机会，因而获得了爱情和婚姻。以后每当回想起来这件事，他都会感到愉快和欣慰。另外一种结果是晚餐结束之后他与女生分道扬镳，两人没能如愿走到一起。之后每当回想那天的情景，男生可能会觉得自己既浪费了时间精力，又损失了金钱，却没有获得预期的结果，每当回想这件事都会感到不愉快甚至难过。遇到后一种情况时，我们可以运用幸福学中的"等效原理"，使得自己对同一件事容易获得积极的评价和愉快的心情。

等效原理是：未来不可能发生的事件会影响一个人现在或当下的主观感受或心态，只要此人主观上认为这一事件未来肯定会发生。这种未来不可能发生事件的影响和未来确实发生了这一事件对此人现在的主观感受或心态的影响完全相同。等效是指两个不同的外部事件对人的主观感受或心态具有完全相同的客观效果。

举例说明如下。假设一种情况：某人现在的月工资是5 000元，他欲寻找更好的工作机会，当他拿到另外一个单位的录用通知时（一种外部信息刺激），他非常高兴。因为新工作的月薪是10 000元，工作环境比现在好，交通更方便，工作压力更小，未来也有更多的发展空间和机会等。但是去新单位上班的时间是拿到录用通知的两周之后。当他拿到新单位录用通知后的一周里，每当想到此事，或和朋友、亲戚、家人谈到此事时他都很高兴。

下面来分析 A、B 两种情况。

A. 新的工作并没有马上开始，要在两周之后才开始。这说明，未来确定要发生的事件，对此人现在的主观感受或心态产生了影响，做出了贡献，所以使他感到高兴。

B. 再假定，过了一周后，他接到新单位的电话，由于突发事件，取消了对他的录用，即新的工作没有了。得到这一信息时，获得新工作带给他的愉快心情立即烟消云散。

但是在得到新工作信息和取消新工作信息的这一周内，还是给他带来了愉快的心情。这说明，未来没有发生的事件（去新单位工作），对此人现在的主观感受或心态已产生了影响，做出了贡献，只要此人确信新工作信息是真实可靠的。

分析比较 A、B 两种情况，可以看出：人脑在得到新工作信息和取消新工作信息这一周内，此人的主观感受和以后是否有新工作无关。即两周后去新单位工作（未来的一个事件）和两周后不去新单位工作（未来的另一个事件），这两个不同的外部事件对此人的主观感受产生了完全相同的影响，具有完全相同的客观效果。这是因为人脑无法区别"一个事件未来真实地发生了"和"主观上认定这一事件未来肯定会发生（尽管客观上这一事件不可能发生）"之间的差别。

在前面的例子中，晚餐结束后男生与女生分道扬镳，他可以对那顿晚餐做出积极的评价。因为在享用晚餐的三个小时中他感觉是愉快的，给他带来了快乐的体验。尽管后来没有缘分走到一起，毕竟在那三个小时里他还是感到快乐的。这与最后能和女生喜结良缘，在那三个小时里是等效的。通过这个例子说明，我们过去经历过的事情，如果在这个过程中我们感受到了快乐，评价结果就应该是积极的、美好的回忆。我们对过去进行评价的时候不能根据我们现在的处境来判断，而是要以那段时间内自己的感受来判断，这样对于过去很多事情我们就容易做出积极、正面的评价，就容易保持愉快的心情，不会感到懊恼和后悔了。遇事经常这么去想，也就培养了我们积极的心态，增加了我们快乐和高兴的时间，也就提高了我们的幸福程度。

四、如何避免过度的需求刺激？

人们在需求被满足的过程中，会产生快乐、愉悦、兴奋、高兴等积极的情绪体验。需求被满足是快乐的来源之一。如果人们有了欲望和需求，但不能满足，就会产生烦恼、郁闷、不高兴等消极的情绪体验。无法满足的需求和欲望是痛苦的来源之一。

人的需求和欲望大致可以分成两类，一类是本能的、生理方面的需求，例如，饿了想吃食物，渴了想喝水等。另一类欲望和需求是受环境影响而产生的，比如，看了服装广告想买件衣服；看到朋友的一部手机很好用，自己也想买一部同样的手机；看到黄山的风景照片想去旅游；看到新闻里有部新电影上映了，想去看电影等。人们通过相互比较、相互模仿，不断产生需求，旧的需求满足了，又会产生新的需求。

本能的、生理方面的需求无法消除，但人可以减少来自环境影响而产生的需求。人们的需求和欲望有些是合理的，也是可以实现的，有些则不一定能够实现。所以，我们要根据自己的实际情况，对自己的需求做出选择。如果你能够满足自己的欲望和需求，就增加了快乐的时间，如果你满足不了，就要少参加一些活动，尽量减少周围环境对自己的诱惑，从而减少自己的烦恼。例如，你去参加了旅游宣传的展览会，了解到很多关于南美的异域风情和美丽的自然风景，但你的经济条件根本不可能实现去南美旅游的欲望，这时你可能会感觉失望和遗憾，徒增烦恼和不快乐。又如，一些房地产商通过广告邀请人们去参观豪华的样板房，如果你的经济条件连普通的公寓房都无力购买，参观豪宅也只会增加烦恼和不满意。因此，我们应尽量避免受到那些无法满足的需求诱惑，从而减少自己烦恼和不愉快的时间。对于那些可以满足的合理需求和愿望，我们应该尽量去满足，这样就增加了我们快乐的时间。

五、怎样增加兴奋的次数？

先解释一下快乐的饱和性。饱和性指的是，当外部一个刺激因素强度逐渐增加时，人们体验到的快乐程度也逐步增加。但是当外部一个刺激因素强度增加到一定数值后，人们体验到的快乐程度就不再增加了。快乐程度达到了极限，快乐体验就达到了饱和状态。假设，一个月收入5 000元的人，连续抽中奖，中奖金额分别是 10 元，100 元，1000 元，10 000元，10 万元，100 万元，1 000 万元。在开始阶段，随着中奖金额的增加，此人的兴奋程度在增加。假设中奖金额达到 100 万元时，此人的兴奋程度已到达脑生理反应的极限，中奖1 000万元的兴奋程度和中奖 100 万元的兴奋程度是相同的。

如何运用快乐的饱和性来增加生活中极度兴奋的次数呢？中国有句古话："五岳归来不看山，黄山归来不看岳。"例如一个非常喜欢欣赏山区风景的人，假设他一生中只有两次去山区旅游的机会，且他分别选择了黄山和泰山。有两种旅游方式可供他选择：一是先去泰山后去黄山，由于他之前从来没有山区旅游的经历，因此当他看到泰山的壮丽风景时，他特别开心，大脑达到兴奋的顶点，达到了一个饱和程度。过一段时间后，他又去黄山，由于黄山的风景比泰山更为壮丽，所以他又一次达到了兴奋的顶点。按照这个次序去山区旅游，他达到了两次兴奋的顶点。第二个选择是先去黄山后去泰山，由于泰山的风光较之黄山逊色，后去泰山没有达到兴奋的顶点。按这个次序，他只达到一次兴奋的顶点。所以，在生活中，如果想要更多的享受高兴、快乐的最佳状态，就要安排好次序，这样才能够增加我们达到快乐和兴奋顶点的次数，也就增加了我们的幸福程度。

六、抑郁悲痛时有哪些解决方法？

当一个人受到打击、失败、挫折，感到很痛苦、失望、难受等的时候，靠自我心理调节无效后，可以尝试采用下面的方法。

1. 体验式旅游。可以选择去贫穷的地方旅游，必须亲自去感觉和体验，而不仅仅是抱着游玩的态度。也许新闻报道中那些贫穷的身影、衣衫褴褛的居民已使你麻木，但亲自置身其中，可能会有不一样的感觉。我认识一个人，在海关工作，生活衣食无忧，但他对有些事情还是不满意，经常抱怨。后来有一次我见到他，发现他和以前相比改观很大，变得积极乐观了。问起缘由，他便告知，他的改变源于上周单位组织的一次旅游。说起自己在那个偏僻山村的所见所闻，贫穷随处可见，他感触很深。他忽然觉得自己其实很幸运，假如自己在那样的环境中生活，他真的不敢想象生活该怎么继续。旅行归来，他的心态变好了，因为他的快乐阈值和欲望降低了很多。

2. 去医院病房，尤其是癌症患者病房。例如，你可以到肿瘤医院坐几个小时，当你看到不同年龄的病人承受病痛时，你可能会觉得自己很幸运。以前我一个亲戚得了癌症，我必须经常陪他去医院做放射治疗，每次在医院都能看到不少人在做这样的治疗，有些甚至是十几岁的孩子。每当这时，我既为他们感到难过和可惜，也自然觉得自己是多么幸运，自己的一些欲望也就随之降低。

3. 去烈士陵园。你可以通过了解某个烈士的生平事迹，来缓解自己悲观抑郁的情绪。在烈士陵园里，你会发现有很多烈士牺牲的时候大概只有十七八岁。我看过一个报道，战争时期，在山西太原，有很多烈士为国英勇捐躯，他们的家人大多未收到他们的死讯，自然也没有家人来为他们办理后事，他们的家人也就不能享受烈士待遇。报道里曾提到当时三位"埋尸队"成员的描述，他们负责掩埋尸体，大战之前，战士会在口袋里放一张纸条，写上他们的名字和家庭地址。但有一些人迷信，觉得不吉利，没有留下家庭地址，以致很多为国捐躯的英雄，默默长眠于一大片黑压压的无名墓碑之下，没有人记得他们的名字，没有人悼念他们的英雄事迹，和他们相比，我们都是幸福的人。

4. 去殡仪馆参加追悼会。虽然去殡仪馆比较忌讳，但那种哀伤肃穆的场面，可能会深深地触动你。我自己就有这方面的经历。人们常说"黄泉路上无老幼"，以前我们单位有一个年轻人，工作能力、为人处事都不错，前一天下午，我还和他很开心地聊天，没想到，第二天他就因为交通事故去世了。参加葬礼时，我的心情很沉重。之后想到此事，和他相比感觉自己是幸运的，瞬间便觉得没什么坎是自己过不去的。

七、增加快乐的时间有哪些途径?

使人们感受到高兴、快乐的来源是多方面的。不同的来源带来的快乐是不可替代的。例如，食欲带来的快乐不能替代性欲带来的快乐。人们可以通过不同的途径来获得不同来源的快乐，从而增加我们高兴快乐的时间。在较短的时间里，除了前面章节里提到的一些快乐的来源（满足需求、满足好奇心）之外，还有下面几个快乐的来源。

1. 回忆过去

人们在回忆或回想往事时，会产生快乐或痛苦的体验。比如，回想起过去一次中大奖时的兴奋情景，感到十分愉快。也就是过去已经发生过的事情对我们当下的情绪会有影响。例如，我们回想过去发生的某一件痛苦的事，我们现在或当下可能会感到不舒服、不愉快。所以，对于过去的一些不高兴、痛苦的事情就要尽量少去想，否则就会让过去不好的事情影响你现在的心情，降低你现在或当下的快乐程度。相反，我们应该多回忆过去快乐的时光和事件，比如以前看过的笑话或者成功的经历。通过多回忆过去快乐和高兴的事件来增加我们现在或当下高兴快乐的时间。

2. 预期未来

人们在想象或预期未来可能或一定发生的事件时，会产生快乐或痛苦的体验。比如，获得一份新工作，想到两周后即将到新公司就职，工资是现在的两倍，就会感到很高兴。也就是说，未来没有发生的事情影响了我们现在的心态和心情。如果你对未来悲观失望，经常想着那些可能发生的烦恼事情，你痛苦的时间就会增加。所以，我们应该多想想未来愉快的事情、光明的前途，来增加我们现在或当下高兴快乐的时间。

3. 审美过程

戴维·吕肯（David Lykken）在《幸福的心理学》一书中写道："人类一种真正神奇的特质是有能力在某些感官感受中体验到快乐。""在明尼苏达的冬天，我与威利傍晚散步时，看着那些树，光秃秃的树枝在夜空中所形成的各种美丽而复杂的形状时，内心所感受的真正的愉悦。""人们从音乐、美丽的自然、人类艺术、诗歌和散文的优美词句等方面感受快乐。"（Lykken，2008）

培养我们的审美能力有助于增加自己的幸福程度。比如，加强对音乐、绘画和文学艺术的了解，有了这些基础知识就能在听音乐、欣赏美术、看展览或是阅读小说的过程中感受到精神的愉悦，从而增加愉快高兴的时间。如果你对交响乐一窍不通，不能体会到它给你带来的听觉上的享受，就不会感到愉悦。所以，我们要多培养一些积极的兴趣爱好，提高自己某方面的修养，使我们的审美能力得到提高，就会在审美的过程当中欣赏到很多美妙的东西，这样就可以增加我们高兴和快乐的时间，也就提高了我们的幸福程度。

4. 冥想

在冥想的过程中，会产生快乐的体验。大量实验研究证明："通过冥想，练习者就能达到忘我的境界，得到精神的快感。不论是禅宗大师细数呼吸，瑜伽论者诵读默念，还是基督徒沉浸在祈祷中，冥思苦想的人始终将其感觉对准一个简单的焦点。"（Klein，2007）"许多练习静坐的人们，一旦他们的思维安静下来，便会有一种静静的喜悦。在这一时刻，就可以感到特别的舒服。""迈克尔·拜默医生在宾夕法尼亚大学牵头研究紧张问题。他30年来一直练习佛教的冥想，描述了这样的一个瞬间：'那是一种对能量的感觉。在我的体内有一个中心，能量在一个无尽的空间里散发，再回收。我的精神放松了，我感觉到强烈的爱、清醒和喜悦。"（Klein，2007）

冥想是快乐的来源之一，在冥想的过程中会产生快乐和高兴的情绪体验。冥想有很多种方式，例如禅宗静坐、瑜伽默念、练习气功等。在其过程中都需要集中自己的意念，只有经过较长时间练习并且练到一定程度后，才会有愉快的感受和体验。由于个体差异，有的人练习很长时间，效果不明显，这时可能需要换一种方式去练习，找到适合自己的方式，效果才比较明显。另外，练习冥想需要一定毅力，因为初期阶段很枯燥。除此之外，由于人们需要花费较多时间去思考和处理日常生活中的诸多问题，因此不容易静下心来，这就很难修炼到比较高的阶段，也就难以体验到冥想所带来的快乐。

与其他快乐来源不同的是，冥想不需要花费金钱，每个人都可以练习。只要你能够静下心来，不管运用哪种冥想的方式，只要持之以恒，修炼到一定程度后，就可能有高兴和快乐的体验，这样就能增加我们高兴快乐的时间。

所以无论是富豪、权贵还是我们普通人，我们可以通过多种方式的尝试，从中找到适合自己的方法来增加我们高兴快乐的时间，提高我们的幸福程度。

八、如何增加"阅历年龄"？

我们可以将年龄分为六个方面，即生理年龄、心理年龄、社会年龄、外貌年龄、剩余年龄和阅历年龄。

"阅历年龄"是指我们一生当中所交往的人、经历的事件、去过的地方等而积累的人生体验。例如，中国偏远小村庄里的一位农民虽然活了80岁，但他一辈子吃的都是当地的食物，活动范围只是方圆百里，交往的人都是周围的父老乡亲。他在 25 岁的时候就已经把生活中所有新鲜的事情都体验完毕，剩下的 25 岁到 80 岁都是之前经历的简单重复，这样的他阅历年龄就很小。假设同样一位美国老人也活了 80 岁，高中毕业进入大学学习机械专业，3 年之后参军前往越南战场，经历过战争后他有幸存活下来，又回国继续完成自己的学业。毕业工作两年后，他觉得自己对机械专业并不是很感兴趣，于是他又选择重新学习一些其他的课程，最终成为了一名律师。工作过程中，他经常和不同的人接触，时间久了，他的阅历非常丰富，40 多岁之后他又成功竞选当上国会议员，经常代表政府到一些地区开会，解决问题，出席各种活动。因此，他去过了世界很多地方，品尝过很多美味佳肴，也体验了几种不同的工作，和不同人打过交道，同样活了 80 岁，那么他的阅历年龄可是前面那位中国农民的很多倍。

我们无法增加生理年龄，但是我们可以增加阅历年龄。如何增加阅历年龄呢？

第一个方法是旅行，去不同的地方感受不同的风景和文化，增加自己的阅历。这一点我自己有亲身感受，在过去的岁月里，我几乎跑遍了全国，并去过了 20 多个国家和地区，在不同的旅行过程中，接触到不同的新鲜事物，每次都有很多新的体会和感受。

第二个方法就是博览群书。各个学科领域的书都可以尝试涉猎，这样你就可以通过别人的阅历、生活、思想去间接体验不同的东西，比如中国历史、世界历史、人物传记、哲学、宗教、国学、科学、艺术等，在知识和思想方面扩大自己的视野，增加自己的阅历年龄。

第三个方法是多交朋友。与不同种族、不同信仰的人交朋友。我在新西兰的时候，除了和白人交往，还和黑人交朋友，在交往中了解他们的生活状况、风俗习惯和文化。我在加拿大的时候，尽量和其他国家的移民去交往和交流，比如与来自韩国、日本、俄罗斯、伊朗、南斯拉夫等国家的移民交朋友，了解他们的文化和习俗，这既是一种生活体验，也在一定程度上增加了自己的阅历年龄。

第四个方法就是多参加不同社区、群体的活动，体验不同活动的过程。例如，我在加拿大的时候，去做过义工，陪“二战”老兵散步聊天，帮助过加籍华人参加竞选国会议员、省会议员等。这一系列的活动不仅让我对西方文化、民主制度等有了亲身体会，对世界的多元化也有了进一步的认识。

人们在增加阅历年龄的过程中，学到了知识，提高了能力，满足了幸福的必要条件。在增加阅历年龄的过程中，也满足了人们的一些好奇心，提高了人们的幸福程度。

第十三章
一生幸福的努力方向

一、为什么要掌握系统的幸福知识？

一生幸福是人们追求的终极目的，我们如何才能朝着一生幸福的方向去努力呢?

首先，我们要学习科学的幸福知识，从而避免幸福认识的误区。现实生活中一些人过得不幸福，其原因之一就是他们对幸福的特性不了解。比如，有的人认为钱越多越幸福，也有的人认为住房越大越幸福，车开得越高档越幸福，其实这些都是人们关于幸福定义的误区。所以，我们需要通过学习和了解与幸福有关的特性，就可以在一定程度上避免或者减少一些情况的发生，使得我们的幸福程度有所提高。

此外，人们追求长期的、一生的幸福并非易事，不是一蹴而就的，而是一个系统的工程，需要人们花一些时间和精力去学习和了解这些幸福的特性。幸福的能力体现在多个方面，仅仅阅读一两本书，听一两次讲座可能无法从根本上解决问题。就好比医生一般按疗程给患者开药，疾病要经过一段时间的治疗才能痊愈。提高幸福的能力也是同样的道理，我们阅读一本书，听一次讲座就像我们生病只吃一次药，是不会有明显效果的。如果一个人想在一条河流上建造一座大桥，除了要学习有关桥梁建造的知识，还要具备建造桥梁的能力，最后通过学习、实践成为了一名桥梁专家，这样他才能建造一座安全、经久耐用的桥梁。人们追求幸福也是一样，幸福从来不会从天而降的，而是需要自己努力去争取的，我们要通过学习来了解有关幸福的各种特性，从各方面提高自己的幸福能力，这样才能提高我们的幸福程度，才能够实现一生幸福的最大化。

有人认为自己不需要在这方面花费时间和精力也可以过得很幸福。这话有一定道理，但不全面。就好像长江里行驶的一条无动力系统的小船，沿着长江随波逐流，最后也可能漂到大海。如果在小船上装上一个发动机，有了动力就可以安全、有保障地抵达大海。有了动力就可以在遇到风浪和暗礁的时候及时避开，到达大海的可能性要远远超过一条随波逐流的小船。这个例子说明，在我们的人生中，通过努力去获得一生幸福的可能性比随波逐流获得一生幸福的可能性要高很多。我们应该不断地学习科学的幸福知识，经常参与有关幸福的一些活动，分享别人幸福的案例，交流提高幸福程度的方法，这样我们的幸福知识和能力才会不断增加，幸福的程度也就会不断地提高。下面是一些提高我们幸福能力的方法和途径。

二、基本生存技能与幸福有何关系？

幸福学研究表明，人的生存是第一位的，享受快乐、幸福是第二位的。要生存首先要满足最基本的物质需求，如食物、衣服、交通工具、住房等生活的必需品。满足这些生活必需品的需求是幸福必要条件的一部分。要满足这些生活必需品的需求就需要人们具备基本的生存技能，掌握一种生存的手段。人们不管是上学读书，还是进行专业技能培训主要都是为了这个目的。除了学会一种生存技能，还应该对未来的职业生涯进行合理的职业规划。例如，一位中文专业毕业的女性，因为没有职业规划，三十岁还在一个公司当秘书，可能会有较强的危机感。因为秘书没有初级、中级、高级职称，不是一个可以长期做的职业，并且随时可能被更年轻的女性所替代。

那么如何做好职业规划呢？

1. 选择那些可以长期做的、不受年龄限制的工作。有些工作只适合某个年龄段的人去做，比如，模特、秘书主要是年轻人做的工作。我们应选择那些随着工作经验的积累，人的工作价值越来越大，并有相应的社会评价标准的工作。比如，医生越老越值钱，并且有相应的技术职称，为社会所认同。

2. 有具体的成长方案。例如，一位会计专业的本科毕业生，工作一两年之后，如果你喜欢并且也有能力做好会计工作，就可以将会计工作作为自己长期的职业。比如，可以做这样的职业规划：多实践，虚心向前辈学习，两年之内获得初级会计师资格证书；积累工作经验，通过自学或进修或读研的方式，五年内获得中级会计师资格证书，十年内获得高级会计师资格证书等。

3. 在工作过程中不断地学习和提高，与时俱进，使得自己在同行中能够保持中上等水平。这样就不担心失业，即使所在公司由于经营不善破产倒闭了，也比较容易找到另一家公司继续做同类工作，这样来自生存的压力就会减小很多。如果不学习，知识老化，工作能力处于同行的下等水平，一旦现在工作的公司倒闭或是其他原因导致你必须换工作，可能你就会很难找到同等待遇的工作了。

另外，年轻时可以多换工作，寻找自己喜欢又适合自己的工作岗位。到了中年后，就不应该频繁变换工作单位，避免年龄太大再转行，那时再重新规划自己的职业生涯可能就比较困难了。

三、如何提高幸福的"性价比"？

幸福的"性价比"指的是，人们感受到的幸福与其投入的时间、精力、金钱等之比。我们知道幸福的两个重要特点：木桶原理和边际收益递减原理，我们就从这两个方面来分析如何提高幸福的"性价比"。每个人一生的幸福受多种因素影响，人们会有很多需求，但是人们拥有的物质条件是有限的，不大可能满足人们的每个需求和愿望。那么，人们在有限的经济条件下，即在财富总量相同的条件下怎样提高幸福的"性价比"，实现幸福最大化呢？

首先，要对自己的工作生活做好规划，均衡发展，均衡分配资源，避免让自己幸福木桶的某一块板特别短。如果在人生的某个阶段出现了某一块特别短的板时，我们要多花些时间和精力重点去解决这个短板问题，而不要按已形成的习惯思维不断地去增加某一个长板。例如，一位参加工作不久的年轻人，钱少是他的短板。经过努力，10多年后，他有房有车，赚的钱这辈子也花不完，但这时他的孩子学习出现了问题，成为他中年阶段的短板。在这种情况下，他应该重点解决孩子的教育问题，而不是按习惯思维不断地去赚更多的钱。另外，还要避免犯拆东墙补西墙的错误。例如，人们缺少金钱时，在加班加点挣钱的过程中，可能损害了健康，或减少了对家人的关爱和照顾。金钱这块"木板"加长的过程中，健康这块"木板"缩短了，或亲情这块"木板"缩短了。总之，我们应该保持自己幸福木桶的每块板都差不多长，这样就提高了幸福的"性价比"。比如，一个人所有的钱只能够购买一套大房子，但是大房子购买之后就没有多余的钱去买车、出去旅行等。这时就不一定非要买大房子，可以根据自己的实际情况选择合理购房，比如三口之家购买三室一厅，满足居住功能的房子即可。其余的钱可以购车、外出旅游等，工作之余可以和家人、朋友一起去旅游、健身、度假等。如果经济条件宽裕，也可以换一份轻松、压力小的工作，这样你在生活中可能得到更多的快乐。

如果一个人一直专注于一件事，起初他可能获得很多快乐，但是随着他投入更多的时间和精力，他得到的回报是边际收益递减的，他得到的快乐和幸福越来越少。所以，人们不一定将自己全部的时间、精力和金钱集中在某一方面或某一件事上。因为久而久之，一个人的付出未必可以给他带来更多的快乐。我们可以去体验不同的经历，通过不同的方式得到更多快乐、增加我们快乐的时间。另外，快乐的来源有很多，需求得到满足是获得快乐的方式。如果一个人获得周围的人对他好的评价，他也可能会感到很高兴。即使一个人的经济能力有限，不能做很多他想体验的事情，但通过冥想的方式，达到一定程度也会有快乐的体验。所以，每个人要根据自己的实际情况，采取不同的方式来获得更多的快乐体验，在资源有限的条件下合理分配资源来提高自己幸福的"性价比"。

四、如何选择自己的交际圈？

前面我们分析过，对我们幸福程度影响比较大的是我们的"同类参照群体"，即和自己情况差不多的一些人，是自己直接接触的一些人。例如，兄弟姐妹、同学、和自己年龄和学历差不多的（尤其是同性别的）亲戚、同事、朋友、熟人等。

我们可以通过选择自己的交际圈、"同类参照群体"来提高自己的幸福程度。社会中的大部分人都会有意无意地将自己与周围的人进行比较，如果比较的结果是自己比别人好，我们就会感到满意，反之就会感到不高兴、不愉快。通常我们是从三个方面进行比较的：第一种是纵向的比较，就是将自己现在的状况和之前的状况进行比较。无论是经济收入还是其他各方面都比以前好，这样就会感觉比较满意。如果自己现在经济收入、职位、住房等方面的综合状况还不如以前，生活质量下降了，感觉就不好。第二种是横向的比较，就是与"同类参照群体"里的人们进行比较。如果我们处在"同类参照群体"的中下层,就会感到不快乐。如果我们在"同类参照群体"里处于中上等的位置,就会较少产生来自相互比较带来的不愉快。第三种是与社会或所在城市的平均水平相比较。

下面举例说明第二种和第三种比较的区别。例如,一位高中毕业生在深圳一家工厂生产线上工作,由于他工作比较努力,所以很快就当上了小组长。这样他在与他一起参加工作的同事、老乡当中就处于中上等位置,感觉比较好(第二种比较)。但在深圳这样一个大城市里,一个工厂的小组长在社会中还是处于下层的位置。一旦出了工厂,和社会其他人相比,他的感觉就不好了(第三种比较)。比较理想的情况是,我们在纵向比较中,自己的处境和状况越来越好;在同类参照群体或社会中,自己属于中上等水平,那么我们来自相互比较带来的苦恼和不愉快就会较少。

我有一个同乡,自己创业当老板。为提高经营管理能力,考入在职 MBA 硕士研究生班。他的财富、地位在他们 MBA 班同学中属于中上等水平,所以在这个圈子里,每次班级活动他都感觉比较好,经常和同学分享他创业的经验和成功案例。MBA 班毕业之后,由于想在业务上有进一步发展、结识更多的大公司老板,他又选择去就读 EMBA。在 EMBA 班学习的两年里,他并没有像以前那样心态良好,相反有时还表现出一些失落和烦恼。因为在 EMBA 班级里,他的生意规模是最小的,在 EMBA 班级这个圈子里他属于最底层，所以在他们 EMBA 班级每次的活动过程中，他的感觉都不太好。

还有一位同学，经商赚了一些钱，他喜欢打羽毛球，在经常一起打羽毛球的人群中他算是比较有钱的，每次打完球聚餐他都抢着买单，自我感觉良好。之后看别人去打高尔夫球，他也加入了打高尔夫球的行列。打高尔夫所需费用相对要高，即使对他来说是可以负担的，但是经常去打还是会觉得有点浪费，更重要的是在打高尔夫球的圈子里，他算是经济条件比较差的，时间久了就会感觉压力较大，不太开心。所以，如果我们撇开交友、生意机会等功利的因素来看，在选择交际圈的时候，应该选择自己处于中上等位置的交际圈，这样你的幸福程度就会有所提高。

我们如何调整自己的交际圈里的人，来增加自己的幸福程度呢？比如，一个人的经济能力只能买公寓楼来居住，但他的一些普通朋友住的是别墅。当他与住别墅的普通朋友交往时，就会感到压力。在这种情况下，他应该尽量少与住别墅的普通朋友交往，或者完全不与住别墅的普通朋友交往，而多与同样是住公寓楼的朋友交往。

上面只是从幸福这个角度来分析，如果从实际生活角度来看，要具体情况具体分析。比如，刚工作不久的大学生为了事业上的发展，与那些比你强、事业有成的人交往，在分享他们成功的经验和智慧的同时，能学到很多东西，对于自己未来事业的发展很有利。在这种情况下，尽管在短期之内，你处于比较低的地位，有压力，感觉不太好，但也是值得的。因为将来你事业成功之后就会在其他方面得到补偿。

如果一个人已到知天命的年龄，自己事业的发展已到达顶峰，不太可能有更大的发展时，这时就不要结交比自己更成功的人，否则，你就可能成为别人成功的参照物，可能你的感觉就不好。在这种情况下，你应该是多结交一些经济条件或者社会地位都比自己差的朋友，也可以结交和帮助一些穷朋友，在经济方面经常给他们提供一些帮助，这样既帮助了朋友，也提高了自己的幸福程度。

很多时候，我们是不能轻易改变自己交际圈中一些人的。比如同事、领导和下属都是你不能随便改变的，但是我们业余生活中交往的人群是可以选择的。比如，你可以选择在练太极拳的圈子中使自己处于中上等的地位，在这个圈子里你可能会感受到较多的快乐。同样，你也可以选择打球、唱歌或者书法作为自己的业余活动交际圈，这样你的幸福程度就会有所提高。

五、应该培养哪些好的习惯?

我们如果期望自己一生幸福的程度得到提高，起码要有一种生存技能和基本的物质保障。在人生的过程中养成一些好的习惯，我们的幸福程度就会提高。因为在生活的过程中，人们一般按照某种习惯去生活，时间久了就会觉得很自然。如果不按照习惯去生活，人们就会感觉不舒服或难受。比如，为了适应某种环境，人们会理智地勉强自己去接受某些东西，压抑和克制自己的情绪，这样可能会感觉很累，很不舒服。但如果人们按照自己的习惯去生活，感觉比较自然随性，就不会有不舒服或压抑的感觉。很多习惯都是可以培养的，已养成的习惯也是可以改变的。习惯包括很多方面，我们这里重点讨论与幸福紧密相关的五个习惯。

1. 积极心态习惯

积极心态习惯就是凡事多从积极的角度考虑，这样就能增加我们高兴、愉快的时间，也就提高了我们的幸福程度。例如，有一次一位男士计划某一天从昆明开车回深圳，但是在临出发的前一晚，由于晚餐可能吃了不恰当的食物导致肚子痛，第二天还发烧，所以行程被迫推迟了一天。因为之前身体一直很健康，从未发生这样的问题，在临出门却意外肚子痛，原计划被打乱了，使得他感觉有些懊恼和不愉快。但转念一想这也许就是天意，或许就是推迟一天出发使得他避免了路上的一次严重车祸，毕竟开车从昆明到深圳的路途十分遥远，在身体不适的情况下开车，发生车祸也是很有可能的。这么一想，他觉得虽然推迟了一天，但还是非常值得的。第二天身体恢复后，启程回深圳，路途中心情都很愉悦，最后顺利抵达深圳。

2. 良好的生活习惯

好的生活习惯对人的身体有很多益处，不良的生活习惯就会影响我们的生活质量。比如抽烟、酗酒，或者熬夜，都对身体不好。养成一个良好的生活习惯，会减少生病的概率。因为健康对人的幸福程度会产生很大的影响，一旦身体健康状况不佳，就算发生更令人兴奋和高兴的事情，也很难摆脱疾病带来的痛苦。有个报道讲述了一名癌症患者中了大奖，获得了很丰厚的奖金，但是病痛的折磨却让他高兴不起来，因为再多的钱都换不回自己健康的身体，只有身体健康才能有一个好的平台去感受快乐、享受生活。养成良好的生活习惯应同时做到以下几个方面：A. 培养均衡的饮食习惯。不偏食挑食，或根据自己情况，适当补充一些维生素、微量矿物质等。均衡营养才能满足人体各方面的需求。B. 保证良好的睡眠质量。睡眠质量对我们的健康很重要，经常睡不好会对人的身体和情绪产生消极影响。C. 保持积极的心态。化解烦恼，释放压力，用平常心对待困难和挫折，不要长期持续生活在压力大的状态下。D. 坚持适度的体育锻炼。

3. 学习习惯

社会在发展，时代在进步，绝大多数人必须工作，以保证有经济收入，维持基本的生存条件。如果没有好的学习习惯，在自己工作的这个行业就可能因知识老化而落后。保持好的学习习惯，根据时代的进步和社会的发展，不断提高自己，使自己在所在的行业中保持中上等的水平，这样我们的工作才会有保障，失业的忧虑才会减少，即使失业也容易在其他公司找到一份类似的工作。不论什么行业，只要你在这个行业中保持中上等的水平，那么你的失业概率就会减少，经济收入也就比较稳定。好的学习习惯是多方面的，比如读书学习，适应环境，调整自己的人际关系，提高自己的业务能力等。另外，主动去学习和被动去学习，主观感受也是不一样的。我们自己想要并且愿意去学东西，才是好的学习习惯。比如，有的人一看书就头疼，或者对新奇的东西也毫无兴趣，迫于无奈去学习，在这个过程中，他也是不快乐的。主动去学习，学习和娱乐结合，在学习过程中体验快乐，在娱乐中学到知识。主动去学习，不仅学有所获，也能享受学习中的乐趣，提高自己的幸福程度。

4. 规划反省的习惯

我们对于自己未来的职业生涯要有所规划，首先要清楚我们想要实现的目标和愿望，然后再分阶段去实施，这样我们的适应能力就会不断增强。有规划地去做某件事比盲目去做，成功的可能性更大。反省的习惯就是我们需要对自己之前的生活经历中的正确或错误的决策和行为进行分析和总结，在失败的经历中总结经验，分析失败的原因，避免以后再犯同样的错误。对于成功的事件，分析和总结之所以成功的原因。如果我们有规划和反省的习惯，通过长期的累积，我们的各种能力就会得到提高，那么以后成功的可能性也会提高，一生的幸福程度也就提高了。

5. 感恩助人的习惯

在社会中，个体的生存能力比群体差，一个人的能力比一个团队差。所以在我们力所能及的情况下，应该多帮助他人，养成这个习惯是会有回报的。另外一方面就是要学会感恩，我们得到别人的帮助要铭记于心，找机会回报帮助过自己的人。如果养成了这两方面的习惯，做到经常去帮助别人，在获得别人帮助时心存感激之情，这样我们的人际关系就会融洽得很多。在社会交往中人际关系非常重要，人际关系包括和领导、同事、下属之间的关系，以及亲戚朋友之间的关系。良好的人际关系也是幸福的重要因素之一。养成这种助人为乐和感恩的习惯，可能就比较容易处理好各种人际关系。良好的人际关系能提高我们的生存能力和成功的可能性，也就提高了我们的幸福程度。

六、如何处理好当前利益和长远利益的关系？

有种说法叫"活在当下"，但是只活在当下行得通吗？

怎么才能做到活在当下？

我们来看两种极端的情况：一种是"及时行乐"，只考虑当前利益。见到好吃的、好玩的，享受了、玩得开心再说，完全不考虑自己行为的后果，先满足自己的欲望。这类人最终的结果可能是吃了上顿没下顿。所以只考虑当下，很多情况下是无法做到的，对大部分人来说是行不通的。另一种极端的情况是"守财奴"。这类人总是考虑未来，为了长远利益而苛刻自己"当下"的生活。比如他会存钱买房子、买车等，他总是在为未来担忧，在辛辛苦苦赚钱攒钱的过程中，舍不得买好吃的，不管食物是否可口，只要能填饱肚子就行。在短期内，为了未来，牺牲"当下"是对的。但一辈子都在为了未来而牺牲"当下"就不对了。因为人生是个过程，10年后的"未来"就是那一时刻的"当下"。我们现在的"今天"就是我们中学时期的"明天"。如果一个人，一辈子为了"明天"都牺牲了"今天"，每一个"今天"都过得不幸福，即使这个人在老年时积累了大量财富，获得了名誉地位，他这一生也是不幸福的。

"及时行乐"和"守财奴"属于两种极端的情况。实际上，大部分人是介于这两种情况之间，既会考虑长远利益，也会考虑当前利益，只是不容易把握好二者的关系。那么怎样才能平衡当前利益和长远利益的关系呢？

一是在战略上要有个目标。比如有个职业规划，设定人生的方向。人对未来生活有希望，生活质量才可能比较高。

如果你对未来不抱希望，总是觉得生活一日不如一日，前途渺茫，是不会过得幸福的。有个大目标，然后将大目标分解成很多阶段性的小目标，逐步实现一个个小目标，就会离大目标越来越接近。有了目标，你的生活就有了方向和动力，在闲暇的时候就不会感到生活无聊或空虚。

二是在战术上应该活在当下。在短期内，在不损害长期目标的前提下，适当并适度地"及时行乐"。比如一个人自己创业办公司，目标是逐步做大自己的公司，如果辛苦5年可以做到一定规模的话，他就做慢一点，用8年时间做到同样的规模，这样工作压力就不会那么大，有时间出去旅游和做些自己喜欢做的事。想去哪个地方，就去那里旅游，遇到自己没吃过的食物都去尝尝。这样在战术上"及时行乐"，在日常生活中就可以享受到很多小的快乐。当然，"及时行乐"也要把握分寸，不能严重损害长远的目标。

三是在人生的不同阶段，要有所侧重。例如，年轻人要多考虑长远利益，因为以后人生的路还很长。比如，高三学生为了考上大学，喜欢的足球赛可以不看，别的娱乐活动也暂时取消，专心学习准备参加高考。但随着年龄的增长，要逐步增加当前利益的比重，因为来日逐渐减少。垂暮之年的人可以在有限的时间里抓紧时间完成自己的梦想。对于退休人员来说，不必考虑存太多钱，因为一生的大部分时间已经过去了，此时有什么需求和欲望，就应尽量去满足自己。

七、如何使自己的个人特性与环境相和谐?

前面我们分析过，当一个人的个人特性与他所处的环境相和谐、相匹配时，这样的人幸福程度就比较高。如果一个人觉得自己不幸福或者很痛苦，那一定是他的个人特性与环境不和谐了。遇到这种情况就需要进行改变，要么改变环境，要么改变自己的个人特性。

环境可以分为大环境和小环境。小环境指的是一个工作单位、一个社区、一个城市等。大环境指的是一个国家、一种社会制度。依靠个人的力量想去改变大环境是不可能的，除非你是政治领袖。对普通老百姓而言，改变所处环境的方法只能是换个环境。如果你在工作单位这个小的环境里感觉不舒服，可以换个工作单位。如果你在一个城市里生活觉得不舒服，可以换个城市去生活，这是比较容易做到的。

如果你没有能力换个环境，那就只能改变自己的个人特性。我们分析过，一个人的个人特性包含四个方面：第一个方面是遗传因素，比如外貌、血型、性格，这些是改变不了的，是父母遗传给我们的；其次是阅历，经历的事件都已经在大脑里留下痕迹，这个也是不能改变的；第三方面就是能力、技能，这些是可以通过学习来提高的；最后就是价值观，也就是我们看重什么、主要的需求是什么。当人们到了一定年龄,价值观形成以后是很难改变的,但并非不可能。例如,我认识一些复旦物理、生物、化学专业的校友,他们大学毕业时,都是坚定的无神论者。后来去美国读研究生,毕业留在美国工作,其中一些人非常虔诚地信仰了基督教。这说明环境是可以改变一个人的价值观,改变一个人的信仰的。

价值观是怎么形成的?价值观是人在成长的过程中,在社会制度、文化、习俗、法律等环境因素的影响下逐步形成的。一个人所经历的事件对其价值观的形成有的贡献大,有的贡献很小,有的可以忽略不计。有些重大事件对价值观的形成起到决定性的作用。价值观已经形成的成年人,其价值观具有一定的稳定性。环境不改变,无重大突发的事件,其价值观很难改变。

如果我们的价值观和周围的环境不和谐就会导致我们不幸福甚至非常痛苦。如果我们不能改变个人所处的环境,就只能改变自己的价值观。改变价值观的几种方式有:

1. 大环境的改变。

2. 重大的或突发的事件。

3. 读书、学习、思考,研究哲学、历史、宗教等。

4. 选择不同的交际圈、不同的"参照群体",参加不同的群体活动等,较长时间后可以改变价值观。

在不能改变环境的时候,怎么来改变自己的价值观呢?采取上面第三和第四种方式。可以博览群书,阅读大量书籍之后，你就会受到来自作者的各种思想的影响；可以学习积极心理学的知识，借助积极心理学的理论和方法，经常调整自己的心态；可以阅读或研究国学中的某一学派，比如孔孟之道的儒家学说，老庄哲学的道家学说、易经学说等，深入学习后可能认同其中的道理、智慧；可以经常去参加一些佛教活动，慢慢地可能会认同并接受佛教的教义和智慧；可以了解基督教，在学习基督教教义和精神的过程中，会受到基督教徒的影响；在有伊斯兰教的地区，可以学习伊斯兰教的教义，参与相关活动；也可以经常参加不同群体、社区的健美、健身、球类活动、太极拳、气功、摄影、书法、旅游等活动，比如，以保持身体健康或体型健美作为人生追求的目标之一，形成一个小群体和小环境，经常参与相关活动，上述这些活动都可能导致价值观发生改变。

我们可以和不同的人群交往，通过主动选择不同的群体和交际圈子，建立并维护好适合自己的小环境。再通过这个小环境反过来影响和改变我们的价值观，使得我们的个人特性和环境相和谐、相匹配，这样就提高了我们的幸福程度。

八、如何选择自己的生活方式？

在国内，多数中产阶级的生活方式是，大学毕业后找一份工作，然后按揭买房、结婚生子，节假日外出旅游度假。

一些人随着名誉地位的提高、经济收入的不断增加，在相互攀比过程中，房子越买越大，车越来越高档，最后为了名誉、地位、孩子、房子等一直工作到退休年龄。

是否有其他的生活方式？西方文化与我们有所不同。一位新西兰女性高中毕业之后放弃了上大学的机会，参加了工作，一年之后带着工作攒下的一万新西兰币去周游世界了。她到埃及和韩国等非英语国家就通过教英语赚生活费，到英语国家就去餐馆做服务员。在去加拿大的飞机上认识了一位带孩子的女士，就去她家看护小孩。这样七年时间里环游了世界上很多国家，后来，她回到新西兰半工半读读完大学后，当了老师。在同学聚会时，她的那些已经获得学士学位、硕士学位的中学同学工作都比她好，收入比她高，但是同学们并没看不起她，反而觉得她很成功。因为环游世界并不是件容易的事，尤其像她这样边工作边旅游，七年里基本上完成环游世界的人更是寥寥无几。

加拿大报纸的一则新闻报道中写道："法国巴黎一名航空工程师不甘困于业界，2011 年 11 月毅然决定带着约 1.5 万美元闯荡欧洲，目标为打算到 33 个国家打工，从事 33 种职业。"这位工程师在他的欧洲之旅中做过渔夫、珠宝技工，在其他地方还做过水族箱清理工，在爱尔兰做过酒保。新闻报道出来时，他已经做过 31 份不同的工作，很快就可以实现愿望。这也是人生的一种生活方式和选择。

　　当我们的经济条件达到一定程度，可以体验不同的生活方式时，我们既不能居无定所，也不能整天守着空荡荡的大房间，或是为了"面子"，购买超过自己经济能力的房子而去承受较大的来自工作和生活的压力。每个人的情况不同，侧重点可能也有所不同，生活方式是因人而异的。加拿大温哥华经常被评为世界上最适宜人类居住的城市之一。但据了解，那里一些人生活得很不幸福。也就是说，专家们评出的所谓最适宜居住的城市不一定对所有人都是最适宜的。所以我们应该根据自己的情况，找到最适宜自己居住的城市或地区，而不是随大流。我们不应该盲目模仿别人的生活方式，应该走自己的路。比如是在大公司做职业经理人，还是在小公司里自己做老板？在一线大城市工作，还是在二三线城市工作？根据自己的情况，对自己的一生做个大概的规划，并在实际生活中，随外界环境的变化随时做出一些适当的调整。按适合自己的生活方式去生活，幸福的程度才可能比较高。

　　总之，我们应该学习和了解幸福的特性，遵循幸福的规律，掌握基本的生存技能，养成良好的习惯，正确处理当前利益和长远利益的关系，处理好爱情、亲情、友情的关系，处理好上下级、同事之间等各种人际关系，提高自己各方面的综合能力，使得自己的个人特性与环境相匹配、相适应、相和谐，从而实现一生幸福的最大化。

附录
幸福理论摘要

一、快乐幸福的定义

本章的内容摘自李齐光所著的《幸福论》和《A Theory of Happiness》两书中，一些语句表述稍有改动。

幸福定义按时间因素可以分为两类。

（1）在某一时间片刻，对生活现状、生活主要方面满意度的总体评价。例如，在某一年的 12 月 31 日，对当时的生活主要方面满意度的总体评价，不包括对过去一段时间内生活满意度的评价。

（2）对某一时间段，快乐的情绪体验在时间上的累加。例如，在过去的一年里，快乐的情绪体验在时间上的累加。

本书定义的快乐（pleasure）和幸福是人的主观心理感受，是人的情绪或情感体验。本书强调了快乐和幸福的时间性，人的主观感受、情绪体验是随时间而变化的。

定义："**快乐**"是个体在一定环境中，在较短的时间内积极的（positive）情绪或情感体验。较短的时间可以是几十秒钟、几分钟或几个小时。在较短的时间内，所有积极的情绪（Diener，2009）或情感都近似用"快乐"来表示，忽略生理唤醒等复杂的其他成分（Myers，2006），"快乐"近似为一维的。"快乐"包含了"快乐、愉快、舒服、愉悦、高兴、兴奋、开心、喜悦、得意、满足、满意、骄傲、欢快、乐观、狂喜、享受、乐趣、欣慰、好笑、美好的感觉、良好情绪"等词汇描述的积极情绪状态，是所有积极情绪的总和（Carr，2008）。"快乐"包括了"现实的和幻想的，或肉体的和精神的，或情感的和理智的"（罗素，2009）快乐。"快乐"包括了"感官的、理智的、感情的、想象的、道德情感的、心灵的、肉体的"快乐（穆勒，2008）。

在本书里，带引号的快乐，即"**快乐**"都是包含了上述词汇描述的积极情绪状态或积极情绪体验。换句话说，"**快乐**"的体验是以几十秒钟、几分钟、几小时为时间单位的，不是通常意义的快乐了。

"**快乐**"包含但不限于下面的几种情况：

在某一短期的时间段，个体的需求或欲望或期待得到了满足，个体体验到愉快、高兴、快乐。当人们在全心全意投入到自己喜爱的活动中，且活动难度与其能力相匹配时，事后感受到一种愉快的"心流"体验（Csikszentmihalyi，2009）。当人们从事一种活动，取得了阶段性进展，在活动过程的某一时刻或一段时间，感到愉快。当人们在思维过程中，回忆过去的一种情景，感到高兴；想象未来的一种情景，感到高兴。人们根据自己的价值观设定了目标，在实现这个目标的过程中，取得了阶段性进展，感到高兴。人们在实现自己的目标时，感到兴奋。人们认定自己所从事的事业或工作有意义、有价值或有良好的前景，感到满意。人们在工作中要完成一个任务，在完成这个任务的过程中，取得了阶段性进展，感到高兴，任务完成后，感到兴奋。当对自己生活质量的整体评价很满意时，感到满足和欣慰。有的人冥想达到一定程度，在某一时刻，感觉到强烈的喜悦（Klein，2007）。人们在好奇心被满足的过程中，产生快乐的情绪体验等，以及所有在某一短期时间段，主观心理所感受到的积极情绪体验。

例如：渴了，产生了要喝水的需求，喝水的过程，解渴，感到舒服。饿了，产生了要进食的需求，吃食物的过程，饥饿得到了缓解，感到舒服。性饥饿了，产生了性的需求，性交的过程，性欲得到了满足，感到愉快兴奋。买了彩票，得知中了大奖后，获得金钱的欲望得到了满足，感到非常高兴、狂喜。参加高考后，得知被第一志愿大学录取了，多年的努力得到了回报，感到非常高兴。一个奥运项目获得了金牌，目标终于实现了，感到异常兴奋。回想起过去中了一次大奖时的快乐情境，感到高兴。和自己水平不相上下的对手下棋，中盘局面对自己很有利，胜利在望，感到高兴。找到了新的工作，每当想到两周后将去新公司上班，工资是现在的两倍，感到很高兴。设定的目标是登上山顶，经过努力，克服了困难，到达了半山腰，即取得阶段性进展，感到高兴。登上山顶，实现了目标，感到非常高兴。软件工程师在编写软件的过程中，克服了困难，取得了阶段性进展，感到高兴。工程设计人员，在设计图纸的过程中，为自己新颖的设计理念感到骄傲。医生给病人做手术的过程中，进展顺利，预期手术一定成功，感到愉快。领导布置给自己一个任务，完成任务的过程很顺利，当预期会提前超额完成任务，得到领导的表扬时，感到高兴。当完成了任务后，感到兴奋。坚信人生的价值是奉献，做一件帮助别人的事情后，想到这件事很有意义，感到欣慰。作家在创作的过程中，写了一段自己感到很满意的文字，感到愉快。在旅游过程中，好奇心得到满足，感到愉快等。

定义："**痛苦**"是个体在一定环境中，在较短的时间内消极的（negative）情绪或情感体验。"痛苦"是"快乐"的对立面、反义词。在较短的时间内，所有消极的情绪或情感都近似用"痛苦"来表示。"痛苦"包含了"痛苦、疼痛、不幸、悲伤、难过、难受、恐惧、焦虑、愤怒、沮丧、忧伤、不愉快、不舒服、伤心、心痛、紧张、嫉妒、烦躁、抑郁、孤独、折磨、不高兴、失望、生气、难堪、害怕、厌恶、羞愧、恶心、狂怒、失败、烦恼、郁闷、糟糕的感觉、不良情绪"等词汇描述的消极情绪状态，是所有消极情绪的总和（Carr，2008）。

在本书里，带引号的痛苦，即"**痛苦**"都是包含了上述词汇描述的消极情绪状态或消极情绪体验。"**痛苦**"是以几十秒钟、几分钟、几小时为时间单位的，不是通常意义的痛苦了。

"**痛苦**"包含但不限于下面的几种情况：

身体的病痛、伤痛。个体的需求或欲望或期待得不到满足，个体体验到难受。当人们从事一种活动，进展很不顺利，在活动过程的某一时刻或一段时间，感受到沮丧。当人们失去自由，受到不公正的对待，受到歧视时，感到不公平，感到委屈。财物、名誉、地位丧失了，严重缺乏安全感。当对自己生活质量的整体评价很差时，感到难过、愤怒和恐惧等，以及所有在某一短期时间段，主观心理所感受到的消极情绪体验。

例如：一天没喝水，渴得难受。两天没吃食物，饿得难受。正常的成年人，性欲长期得不到满足，感到压抑。买股票，亏损严重，感到沮丧。胃溃疡引起了疼痛，感到痛苦。高考失败，感到悲伤。奥运比赛，支持的选手在分组赛阶段就被淘汰，感到非常难过。亲人去世，感到悲痛。想找个合适的工作，面试多次，都不成功，希望渺茫，感到很沮丧。

打乒乓球，对手和自己水平不相上下，对手发挥得很好，自己一直处于落后地位，感到不舒服。失恋了，感到十分痛苦等。

定义：**"幸福"** 是较长一段时间里，所有"快乐"之和减去"痛苦"之和，或是很多小的快乐之和（"痛苦"看作是负的"快乐"）（Diener，2009）。较长一段时间可以是几年、几十年或人的一生。短期的"快乐"是长期的"幸福"的一个组成部分，长期的"幸福"是短期的"快乐"在时间上的累加。"幸福"是较长一段时间或一生中，"快乐"总和远大于"痛苦"总和。"不幸"则是较长一段时间或一生中，"痛苦"总和远大于"快乐"总和。例如，一个人在大学四年期间，快乐高兴的事远远多于痛苦烦恼的事，快乐高兴的时间远远多于痛苦烦恼的时间，那么简单地说这个人在大学四年期间是"幸福"的。如果一个人一生中，快乐高兴的事远远多于痛苦烦恼的事，快乐高兴的时间远远多于痛苦烦恼的时间，那么这个人的一生就是"幸福"的。

在本书里，带引号的幸福，即**"幸福"**都包含了时间概念，**"幸福"**是以几年、几十年为时间单位的，不是通常意义的幸福了。

二、快乐的生理基础

脑是"快乐"和"幸福"的物质基础。人的一切心理活动或意识活动，都是神经活动的结果（Solso，2008）。人的记忆、思想、感觉、想象、快乐、幸福、痛苦等，即便是做梦都不是空中楼阁，都是建立在物质基础上，这个物质基础就是人脑。"快乐"和"幸福"是人在有意识状态下的一种主观心理感受和情绪体验，是要通过脑来实现的。由于神经科学和计算机技术的发展，现在人们可以通过先进技术，直接观察到在脑中所发生的与知觉、注意、记忆、思维、想象、策划等意识过程相关的活动。脑成像研究成果的一个共同结论是，每一种意识活动都会牵涉到大片脑区的激活（罗跃嘉，2006），所以"快乐"和"幸福"是脑神经活动的结果。人脑是感受和体验"快乐"和"幸福"的平台。

例如，吃食物时，"嘴里有3 000多个味蕾，1/100毫米高的细微的丘状物，凸起地分布在口腔里，大多数分布在舌头上。每个这样的小小圆点含有50个感觉细胞，对味道做出反应。""约有10万根神经纤维捆成两束，将味道的信息从嘴传递到脑，同时还有报告冷和热的传感器和向脑报告食物感觉的其他传感器，软的还是颗粒状的、湿的还是干的——即使都是由糖制成的棉花糖和硬糖吃起来都不一样。

最后还有一种传感器登记灼烧的感觉，因此可以适应辣椒的火辣辣。也就是说，每咬一口，舌头每活动一下，都会激发一个完整的电信号。"（Klein，2007）这个电信号迅速传递到脑。

脑的生理状态每时每刻都在发生着变化。脑内总是活跃地进行着电学、化学、生理等活动。例如，一个兴奋的神经元发放冲动的频率可高达每秒一千次（Solso，2008）。"快乐"的生理基础是，在某一时刻各种外部的刺激和个体体内的各种生理状态信息传递到脑，同时脑进行着意识活动，通过注意的选择，同已经储存的记忆信息比较后，脑中发生了电化学变化，即脑的生理状态发生了改变，从而使个体有了主观的情绪体验，体验到愉快、高兴、快乐。

斯特凡·克莱因（Stefan Klein）描述了当需求被满足导致"快乐"的生理过程。"饥饿时，能量需求和食物摄取之间的平衡不复存在，一种不舒服的强啡肽溢出。强啡肽的职责就是，让我们感觉到饥饿而不是不舒服。欲望开始了相应的行动，我们变得不安、敏感，寻找指示，伺机找到可以弥补这种亏空的目标。目标出现了，一只烤鸡，脑中产生β-强啡肽，对希望得到的享受进行滋味预测，并发出信号——我们眼前的食物对机体有益。同时，脑中急切地分泌多巴胺，这一渴望和追求的分子。控制喜欢和意愿的电路紧密联系，在多巴胺的影响下，我们变得乐观、清醒，努力追求对我们有意义的事情。烤鸡的香味扑鼻而来，我们咬了一口鸡腿，味道好极了，此时脑中分泌更多的内啡肽，并且表明机体得到了想要的东西，同时又回到了平衡状态：吃饱后的舒服。"（Klein，2007）

在任何一个时间片刻，人在主观上感受到快乐或者痛苦，是各种**外部因素**和**人体内部因素**，以及**意识状态**共同作用的综合结果。外部因素指的是通过人的五官，即眼、耳、鼻、舌、身传递到脑的光波、声波、化学物质、压力等的外部刺激因素。人体内部因素包括遗传因素和环境因素。**遗传因素**包含了个体的基因、血型、肤色、人格特质等个体特征，包含了一个人的呼吸系统、消化系统、循环系统、生殖系统、神经系统、运动系统、泌尿系统等生理因素。**环境因素**包含了个体生活的时代、地区、气候、社会制度、生活环境、教育程度、生活经历、价值观、信仰、文化、道德规范、法律规范、宗教规范等社会环境和自然环境。人的行为及经验影响了脑神经的发育，对脑的结构和功能发挥了持久影响（Hughes，2008）。在人的成长过程中，这些环境因素都在脑中留下了记忆痕迹。意识状态指的是在这一时间片刻，人的注意力集中在哪个因素上或注意力所关注的事情。

三、快乐强度的特性

快乐强度的特性如图 1 所示。

1. 主观性

"快乐"强度是主观的情绪体验程度，描述了主观上心理感受的强弱程度。相对客观而言，"快乐"强度的主观性强调个体自己的主观感受，不是外界的客观标准。

2. 时间性

同一个体，在不同的时间，同样的外部刺激引起的"快乐"强度是不同的。"需求"有时间性，认知评价也有时间性。例如，在认知评价过程的这段时间里，人们可以体验到认知评价带来的"快乐"，认知评价过后，脑的注意力转向其他方面，认知评价所带来的"快乐"也就消失了。同样，"回忆过去"、"预期未来"等状态都有时间性。脑的意识状态随着个体周围环境的变化而变化。

3. 个体性

每个人的脑是不同的，同样的外部刺激引起的"快乐"强度也是不同的。"快乐"强度的个体性，强调的是因人而异，强调相对其他人而言。对同样的一个外部刺激，一个人的"快乐"体验和其他人的"快乐"体验是不同的。

4. 综合性

任一时刻的"快乐"强度，是各种外部因素和人体内

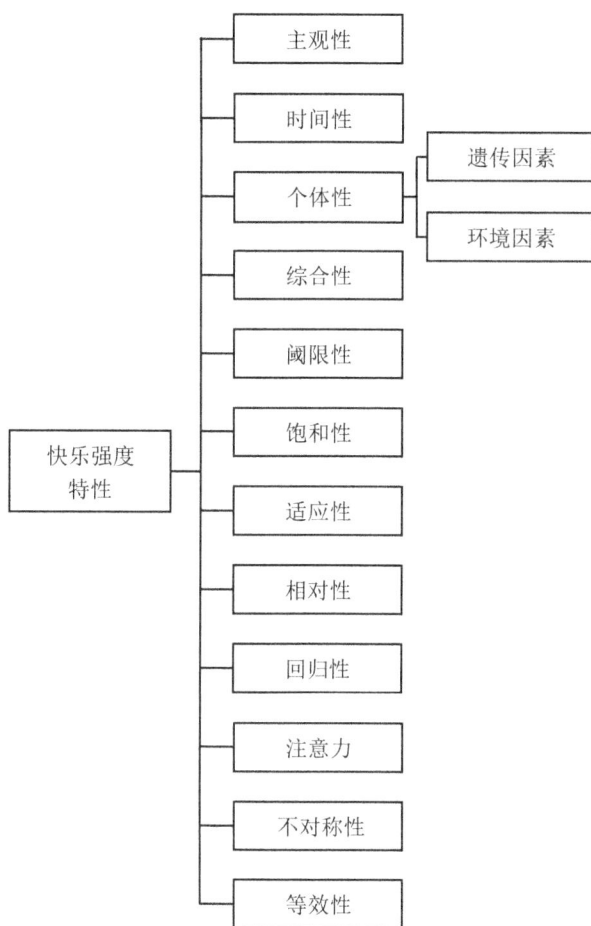

附录图 1 "快乐"强度的特性

部各种因素以及意识状态共同作用的综合结果。例如，一个
有胃病的人在播放音乐的餐厅里和朋友一起吃饭，他一边吃
食物，一边听音乐，同时感到胃有点痛，又得知自己买彩票
中了奖。此时的主观情绪体验是胃痛、食物刺激、声音刺

激、信息刺激以及注意力停留在哪个因素上的综合结果。

5. 阈限性

内部刺激、外部刺激超过阈限，对"快乐"强度才有贡献。阈限是随时间而变化的，阈限也有适应性特点。一种外部刺激多了，个体对这种刺激的阈限也将提高。假设，对一个月收入是 2 000 元的人，中了一个 5 元的奖，不会感到高兴，只有当中奖金额达到或超过 100 元时，才会感到高兴。那么这个人对于金钱刺激的阈限就是 100 元。假设此人一个月里中了几次 100 元的奖，下个月中奖金额达到或超过 200 元时，才会感到高兴。也就是说，多次刺激后，这个人对于金钱刺激的阈限提高到 200 元了。再假设，此人一个月里中了一次 100 元的奖，感到高兴。但下个月月收入增加到 3 000 元，下个月中奖金额达到或超过 200 元时，才会感到高兴。也就是说，收入的改变，也会提高这个人对于金钱刺激的阈限。

有时候即使一种"需求"被满足了，如果没有超过"快乐"的阈限，也不会有"快乐"的体验。例如，下棋的过程中，在某一段短时间里，想吃掉对方的车，这是一个短暂的需求。过一会真的吃掉了对方的车，而自己损失了一个马。这样，他所获得的好处没有超过"快乐"的阈限，也没有"快乐"的感觉。

有时候认知评价的结果是比较满意的，但评价结果没有超过"快乐"的阈限，也不会有"快乐"的体验。

受人尊敬也有阈限，受到比自己低的社会阶层的人尊重，不一定会感到"快乐"。受到和自己同社会阶层的人，或比自己更高的社会阶层的人的尊重、赞赏，才更容易感到高兴。

性阈限也在变化，长时间缺少性交，性阈限降低，性需求程度增加，性欲满足的过程对"快乐"的贡献大。性欲刚刚满足后短期内，性需求降低，性阈限增加，需更强烈的刺激才能达到同样程度的"快乐"（比如，男人要遇到更年轻貌美的女人才会产生同样的性冲动）。

6. 饱和性

当外部一个刺激因素强度逐渐增加时，人们体验到的"快乐"程度也逐步增加。但是当外部一个刺激因素强度增加到一定数量（临界值）时，人们体验到的"快乐"程度就不再增加了。"快乐"强度达到了极限，"快乐"体验就达到饱和状态。假设，一个月收入2 000元的人，中奖金额分别是 10 元，100 元，1 000 元，10 000元，10 万元，100万元，1 000万元。在开始阶段，随着中奖金额的增加，此人的兴奋程度在增加。但中奖金额达到 100 万元时，此人的兴奋程度已达到脑生理反应的极限，中奖1 000万元的兴奋程度和中奖 100 万元的兴奋程度是相同的。

对同一外界刺激因素，临界值也在不断变化的。假设，对一个月收入是2 000元的人来说，金钱刺激临界值是100万元。他经过十年的努力奋斗，建立了自己的公司，年收入达到50万元时，金钱刺激临界值对他已不是100万元了，而可能是5 000万元，这样才能使此人的兴奋程度达到脑生理反应的极限。

7. 适应性

"快乐"的适应性有两方面的含义：

（1）"边际快乐递减"

由于脑对外部刺激的反应程度是"边际反应递减"的，因而导致人们体验外部刺激所带来的"快乐"程度也是"边际快乐递减"的。某一外部刺激逐步增加时，人们体验到这个刺激所导致"快乐"的增加是逐步递减的，而不是成正比关系。例如，饥饿时，吃第一个面包最好吃，第三个差一些，第五个更差一些。口渴难忍时，喝下去的第一口水是最甘甜的。

在心理物理学（psychophysics）中，费希纳定律（Fechner's law）指出，"感觉体验强度的心理量S与外部物理刺激强度的物理量I之间存在对数关系：

$$S = R \lg I$$

式中R是常数。这个函数关系在一定范围内能够描述很多实验事实。"（唐孝威，2008）"许多实验表明，人的感觉系统对外界物理刺激有信息量程的压缩效应。"（唐孝威，

2008）也就是在生理层面上，"边际快乐递减"来源于人的感觉系统对外界物理刺激的压缩效应，来源于脑生理状态的"边际反应递减"。

（2）适应

戴维·迈尔斯（David G. Myers）在书中写道："适应水平现象（adaptation-level phenomenon）意味着成功与失败、满意与不满的情感都是相对于先前的状态而言的。如果我们目前的成就降到我们先前所达到的水平之下，我们就会产生不满和挫败感；如果成绩超过了先前的水平，我们就会体验到成功和满意感。如果我们不断地取得成功，那么，我们将会很快适应成功。从前让我们感觉良好的事件，现在却变成了中性事件，以前让我们感觉中性的事件，现在很可能体验到一种失落感。""我们中的大部分人都曾经体验过适应水平现象。更多的生活消费品，更好的学业成就，或者更高的社会声望，最初能给我们带来强烈的愉悦感。但是，这一切都让我们感觉消逝得太快。接着我们会需要更高的水平，来让我们体验另一个快乐的高潮。"（Myers，2008）

艾伦·卡尔（Alan Carr）解释了导致适应的原因："我们进化的方式决定了我们必须对那些愉快的情境迅速习惯化和适应，因为这样才能使我们的祖先适应狩猎和采集的生活。那些能够对自己为了获得更好的食物和住所而努力得到的任何东西都能迅速习惯化和适应的人们，才会被自然选择；而那些任何时候当自己取得一项可以获得持续的幸福的

目标时就躺在功劳簿上睡大觉的人，则无法生存。"（Carr，2008）

8. 相对性

相对性也就是"社会比较"。"我们生活的大部分是围绕社会比较而进行的。"（Myers，2008）"我们的幸福程度受到我们对自己的评价和对自己当前处境的评价的影响，这种评价既包括与我们自己的近期处境相比较，也包括与别人的处境相比较。我们和别人比健康、比个人魅力、比孩子和父母的健康和魅力、比财富、比社会地位、比学术成就和运动成绩等。这种社会比较在远古社会是适应性的，因为它使我们努力成为最好、获得群体中最好的资源以使我们的基因种系得到繁衍。"（Carr，2008）"快乐同样也是如此，不仅取决于我们与自己过去的体验相比较，而且还取决于自己与他人进行比较。我们感觉到好或者不好依赖于我们和谁相比较。当一个棒球选手以年薪1 000万美元签约时，那么他年薪700万美元的队友可能会感觉不满。"（Myers，2008）

社会中与我们没有直接接触的人，例如上市公司的大股东、成功的企业家、影视体育明星等，对我们的幸福有影响，但影响程度一般很有限。对我们幸福程度影响比较大的是我们的"同类参照群体"。本书定义的"**同类参照群体**"指的是，和自己情况差不多的一些人，是自己周围的直接接触的一些人。例如，兄弟姐妹、同学、和自己年龄和学历差不多的（尤其是同性别的）亲戚、同事、朋友、熟人等。

9. 回归性

"Brickman 和 Campbell 发明了术语'享乐主义踏板车'：积极的近期事件和消极的近期事件，先是导致幸福程度骤升骤降，然后在绝大多数情况下会在很短的时间里（如几个星期或几个月）迅速返回到幸福的锚定点。"（Carr，2008）

当"需求"得到满足时，"快乐"的感觉就消失了。"渴望和享受紧密相连，同时这两种情绪也相互对立，它们的关系就像孩子在玩跷跷板：这次一个孩子在上面，下一次另一个孩子在上面。谁在渴望，谁就不可能尽情享受；谁在享受他最终得到的东西，那么这一刻他的渴望也就烟消云散了。""彩票赢家的通常表现是，只能从他们的成功中获得一种短暂而强烈的愉悦感。尽管为成功感到异常高兴，但这种欢乐最终很快消退了。"（Myers，2008）"需求"被满足后，我们的情绪又回到了正常状态（Klein，2007）。"我们的情绪总是围绕着正常水平波动。"（Myers，2006）

10. 注意力

脑只处理被注意到的信息，弱化或丢弃其他没被注意到的信息。当脑将注意力集中在某一个因素上的时候，这个因素的阈限被降低，而其他因素的阈限被提高。个体关注哪一事件，此件事的阈限降为最低。例如，人们集中注意力在做某一件事时（注意力没放在食物上，食物刺激的阈限比较高），过了吃饭的时间也不觉得饿。但当别人提醒后或看见食物时（注意力放在食物上，食物刺激的阈限降低了），马上就感觉到饿了。

在某一时刻，是性爱或是"需求"得到满足，还是认知评价对"快乐"体验做出主要贡献，取决于这一时刻脑的注意力放在哪个因素上。如果某一时刻脑的注意力集中在性爱上，性爱在这一时刻对主观情绪体验做出主要贡献，其他因素被弱化或被排斥在外。如果某一时刻脑的注意力集中在认知评价上，那么这种评价结果在这一时刻对主观情绪体验做出主要贡献，其他因素被弱化或被排斥在外。

在日常工作、生活过程中，脑的注意力随时间的推移在变动，即脑的注意力一直处在变动的状态，可以在一件事上停留很长时间，也可以是瞬间的停留。

11. 不对称性

不对称性指的是人们对"快乐"和"痛苦"的反应不是相同的。"进化还决定了我们对损失感受到的强烈情绪体验高于对同等大小的收益带来的情绪体验，因为这有利于我们祖先的生存适应。因此，失去一只经过长时间艰苦捕猎的猎物带来的消极情绪体验，远比经过长途追猎成功捕杀到同样的猎物带来的积极情绪体验要强烈得多。那些体验过损失带来的强烈情绪的人，会在强有力的动机驱使下努力工作，以避免损失并得以生存下来。""在现代社会，祖先的这种特点一直延续下来留给了我们。失去 100 美元的失望感，与挣到 100 美元的满足感，在程度上是绝不对等的。这种自然选择产生的不对等反应的一个后果就是：要得到一定的幸福，需要收获多得多的东西；然而要体验相同程度的痛苦，只需失去一丁点儿就足够了。""更进一步说，巨大收益只为幸福带来少量利润，而少量损失就给幸福带来巨大亏损。"（Carr，2008）

"我们害怕危险也比寻找幸福更强烈。相比较而言，输了让我们更心痛，赢了却未必给我们带来更多的快乐。我们体验不幸要比享受幸福更早，感觉气愤和沮丧要比感觉高兴更快、更强烈。"（Klein，2007）

也就是说"快乐"和"痛苦"的不对称性是进化的结果：生存是第一位的，"快乐"是第二位的。这使得脑的注意力关注有害的事件，设法去解决它，避免对个体造成伤害，对生存带来威胁。

12. 等效性

由于等效原理，没有发生的未来事件会影响现在或当下的情绪体验和认知评价。

在几十秒的短时间里，有些因素和"快乐"强度并没有直接的相关性，但是都对"快乐"强度有着间接影响。

这些间接因素是，和遗传因素有关的年龄、性别、人格特质等，和环境因素有关的文化、价值观、教育程度、职业、信仰、道德规范等。

在几十秒的短时间里，其他因素，如财富、社会地位、爱情、亲情、安全、平等、公平、压力、人际关系等对"快乐"强度的贡献，取决于脑的注意力关注在哪一个因素上。

四、情绪的三种状态

在某一短时间里，我们将情绪状态近似地分为三种：

（1）"快乐"的状态，主观上有积极或正面的情绪体验。

（2）"痛苦"的状态，主观上有消极或负面的情绪体验。

（3）中性的状态，主观上没有"快乐"也没有"痛苦"的情绪体验。存在一个中性的没有"快乐"也没有"痛苦"的状态。"快乐"的另一面是没有"快乐"，但不"痛苦"。"痛苦"的另一面是没有"痛苦"，但也不"快乐"。

在日常生活中，我们定义在清醒状态人们都是在从事一种"**活动**"。"活动"可以全部或部分地包含了"需求"状态、"快乐"状态、认知状态、思维状态、"回忆过去"状态、"预期未来"状态、"心流"体验状态、冥想状态等意识状态。比如，从事一种工作、完成一个任务、做一件事、看电视、做家务事、打网球、聊天、乘坐飞机、背书（记忆）、说话、思考问题、回忆、想象、期望、练气功等。

在一般活动过程中，有时候即使有的"需求"被满足了，如果没有超过"快乐"的阈限，也不会有"快乐"的体验。

在一般活动过程中，人可以没有具体的"需求"，也可以产生新的"需求"。这种短暂的"需求"随时可以改变或取消。短暂的"需求"得到满足，也会产生愉快的感觉。例如，棋手在下棋的过程中，在某一短时间里，想吃掉对方的马，这是一个短暂的"需求"。过一会儿真的吃掉了对方的马，而自己没有损失，棋手片刻会感到一阵得意。

在一般活动过程中，人们会经常进行认知评价。是否有"快乐"的感觉，取决于对整体形势评价结果是否对自己有利，有利程度是否超过了"快乐"阈限。即使评价结果对自己有利，但评价结果没有超过"快乐"的阈限，也不会有"快乐"的体验。

在一般活动过程中，外部刺激是否会使人产生"快乐"的感觉，取决于外部刺激是否对自己有利，有利程度是否超过了"快乐"阈限。即使外部刺激对自己有利，但有利程度没有超过"快乐"的阈限，也不会有"快乐"的体验。

也就是说，我们生活中的一部分时间是处于既没有"快乐"也没有"痛苦"的中性情绪状态。

下面分析人们日常活动对"快乐"的贡献程度。Csik-szentmihalyi 将人们主要从事的活动分为三类（Csikszentmihalyi，2009）：

（1）生产类活动：工作或学习。获得经济收入的活动，即为了求得生存和生活舒适而不得不做的事（对求学阶段的青年人而言，学习也包括在生产活动中，他们接受教育相当于成人从事工作）。

（2）维持类活动：饮食、烹饪、打扫、购物、家务事、梳洗、穿衣、打扮、开车、交通活动等。

（3）休闲类活动：看报纸杂志、看电视、上网、聊天、社交、学习、爱好、运动、健身、听音乐、看电影等。

1. 从事生产类活动对"快乐"的贡献

工作学习阶段，要看具体情况。人们注意力集中地做一件事、完成一个任务的过程，谈不上"快乐"和"痛苦"。例如，在赛车的过程中，车手注意力全部集中在开车上；厨师在全神贯注地炒菜；钢琴家聚精会神地演奏钢琴；老师在认真地讲课；棋手在下棋的过程中，思考着下一步怎么走。在这些活动过程中，没有"快乐"也没有"痛苦"。只有当这些活动完成了，对后果做出积极的评价时才会产生"快乐"的感觉。工作过程遇到阻力或不顺利的时候，会感到烦恼、生气等。工作过程顺利的时候，取得阶段性成果的时候，会感到高兴。完成一个任务的过程遇到危险，会有消极的情绪体验。

人们在学习的过程中，新的知识比较简单，一听就懂，一看就明白，不一定有"快乐"的感觉。新的知识难度比较大的，学习掌握很艰难，学习的过程中没有"快乐"的感觉，反而有"痛苦"的感觉。只有当学习取得了阶段性进展，学到了新知识或掌握了新技能后，对学习后果做出积极的评价时，或预期学习后果在未来有良好的回报时，才会产生"快乐"的感觉。

与陌生人（商店售货员、医生、政府机关办事员、出租车司机、售票员等）的对话过程中，一般没有"快乐"感觉。办一件事，例如买一张票、申请签证等，一般没有"快乐"感觉。只有当事情办好了后，例如获得签证，对后果做出积极的评价时，才会产生"快乐"的感觉。

人们在阅读文件的过程中，人们在开会、讨论、座谈会、听报告、听课、听演讲的过程中，是否有"快乐"的感觉，取决于从外部得到的信息是否超过了"快乐"阈限，对整体形式评价结果是否对自己有利，有利程度是否超过了"快乐"阈限。

人们在做报告、讲课、演讲、考试过程中，人们在做作业、背课文、背单词、打字过程中，需要将注意力集中在这些活动过程中，否则就无法完成。在这些活动过程中，一般没有"快乐"的感觉。只有当这些活动完成了，对后果做出积极的评价时才会产生"快乐"的感觉。

2. 从事维持类活动对"快乐"的贡献

人们在穿衣、洗脸、洗澡、理发、化装、刷牙、打扮等过程中，谈不上"快乐"和"痛苦"。在上班途中，走路、开车或乘坐交通工具的过程也谈不上"快乐"和"痛苦"（遇到较长时间的交通堵塞，会有"痛苦"的感觉）。很饿的时候，吃饭是一种享受。不饿的时候，吃美味可口的食物，也可以是一种享受。经常吃口味相同的或一样的食物，这些食物刺激没有超过食物"快乐"阈限，就没有"快乐"的体验。所以吃饭过程中，可以有"快乐"的阶段，但时间并不长久。比如，吃到半饱时，食物"快乐"阈限已经提高了，后来吃的食物对"快乐"的贡献已降低了。

做家务事的过程中，一般不会有什么享受，除非某人特别喜欢做。做完家务事后有成就感，那是另外的原因了。在购物的过程中，买到了自己需要的东西，价格合适，不愉快也不生气。若购物过程，遇到堵车、排队、涨价等，会感到不舒服，甚至烦恼。在购物的过程中，买到了自己很喜欢的东西，而且价格很便宜，才会感到高兴。大小便很急了，憋得难受，排泄的瞬间会有畅快的感觉。有大小便的感觉，没感到憋就排泄了，就没有畅快的感觉，不苦也不乐。

3. 从事休闲类活动对"快乐"的贡献

人们在看报纸杂志、看电视、上网时，如果外部信息刺激没有超过"快乐"阈限时，也不会感到"快乐"。即中性的信息（既不是有利信息，也不是有害信息）对"快乐"没有贡献。与自己相关的有利信息对"快乐"有贡献。与自己相关的有害信息对"痛苦"有贡献。人们在看报纸杂志、看电视、上网过程中，多半是中性的信息，也就是人们在看报纸杂志、看电视、上网过程中，多半处于不"快乐"也不"痛苦"的中性状态。

人们在从事自己爱好的事情上，感受到"快乐"的时间会多些。

人们在玩一种游戏或比赛，太简单了没有乐趣，太复杂太难了也没有乐趣，甚至还有挫折感、有伤自信心。只有当游戏难度和自己的能力相匹配时，赢了才有乐趣，才感到高兴。

人们在与别人（家人、亲戚、朋友、熟人、同事）聊天、说话的过程中（小范围、非正式场合），是否感到"快乐"视谈话对象的反馈而定。当别人对自己所说的内容有积极的反应，并反馈给自己，超过"快乐"阈限会感到高兴。反馈给自己的信息是消极的，会感到生气等。反馈给自己的信息是中性的，则不"快乐"也不"痛苦"。

人们在健身活动（无竞赛）的过程中，脑会分泌化学物质，活动后人有舒服的感觉。"短期的锻炼带来积极的情绪状态，长期的锻炼则产生更强的幸福感。锻炼的短期效果归因于锻炼导致脑产生的内腓肽和类吗啡的释放。与长期锻炼相关的幸福感的持续提高，归因于有规律的锻炼减少了抑郁和焦虑，提高了我们工作的准确性和速度，提升了我们的自我概念，促进了心血管的健康和机能。整个成年时期有规律的锻炼降低了心脏病和癌症的发生机会，使人更加长寿。"（Carr，2008）

人们在体育活动（有竞赛）的过程中，是否有"快乐"的感觉，取决于对当时形势的评价和对结果的预期，即取决于当时对整体形势评价的结果是否对自己有利，有利程度是否超过了"快乐"阈限。

人们在旅游过程中，如果好奇心得到了满足，而且超过了"快乐"阈限，会有"快乐"的体验。

人们在赌博的过程中，是否有"快乐"的感觉，取决于赢的程度是否超过了"快乐"阈限。

人们在听音乐、看电影或电视剧的过程中，是否有"快乐"的感觉，取决于从外部得到的信息是否超过了"快乐"阈限。

如果空闲时期无所事事，整个人只觉得懒懒散散，兴趣全无。如果感到空虚、孤独，则是消极的情绪体验。人们在发呆、胡思乱想的过程中，是否有"快乐"的感觉，取决于想到了什么事情，是否超过了"快乐"阈限。

恋爱的不同阶段，"快乐"的体验是不同的，一般来说似乎有以下几个阶段。

初期阶段：开始在挑选、了解、判断、评价的过程中，没有多少"快乐"（一见钟情除外）。

热恋阶段：爱情得到部分或全部的满足，感到兴奋快乐。

蜜月阶段：爱情得到部分或全部的满足，感到兴奋快乐。

失恋阶段：爱情得不到满足，感到痛苦难受。

通过上面的分析我们看到，人们在清醒的意识状态下，在从事三类活动的过程中，多半时间是处于没有"快乐"也没有"痛苦"的中性状态。一是因为注意力主要集中在活动过程中，二是因为即使活动过程中伴随着回想、思维、想象、认知评价、产生和满足"需求"等因素，但是这些因素如果没有超过其"快乐"阈限，脑也没有"快乐"的情绪体验。

五、幸福的特性

前一章里总结了在较短的时间里，"快乐"强度的主要特性。在较长的时间里，还存在两个影响"幸福"的重要特性：

1. 注意力的偏好性

（1）所谓注意力的偏好性，就是脑的注意力不是平均分配的。

（2）注意力常常指向个体短缺的因素，指向不利于个体利益的方面。注意力优先关注和个体生存、繁殖后代有关的因素。有利于生存和繁殖后代的因素具有优先权。越是威胁到个体生存和繁殖后代的事件，越是受到注意力的关注。

（3）注意力更多地关注还没发生的未来事件，较少地关注已经发生了的过去事件。因为未来事件比过去事件对个体生存和繁殖后代影响更大。

维持生存和繁殖后代的因素是多方面的，哪一种因素短缺，注意力就会停留在这个因素上，提醒个体要去解决这个短缺问题，否则对个体的生存和繁殖后代会产生危害。

人的"需求"也是多方面的，哪一种"需求"不能满足，由于注意力的偏好性，注意力就会关注这种"需求"，此时这种"需求"对"幸福"的影响最大。当同时有几种"需求"不能满足时，注意力会指向生存最迫切的那种"需求"。注意力的偏好性是有利于生存和繁殖后代的重要特性之一。生存和繁殖后代是第一位的、优先的；"快乐"是次要的、附属的。注意力的偏好性是长期进化的结果。

2. 木桶原理

美国管理学家彼得提出的木桶原理又称短板理论,其核心内容为:一只木桶盛水的多少,并不取决于桶壁上最长的那块木板,而取决于桶壁上最短的那块木板(厉以宁,1994)。

维持生存和繁殖后代的因素是多方面的,人的"需求"也是多方面的。如果我们将每个维持生存和繁殖后代的因素、人的每个"需求"等比作木桶的一块木板,那么一个人一生的"幸福"取决于那些较短的"木板"的高度和存在的时间长度。

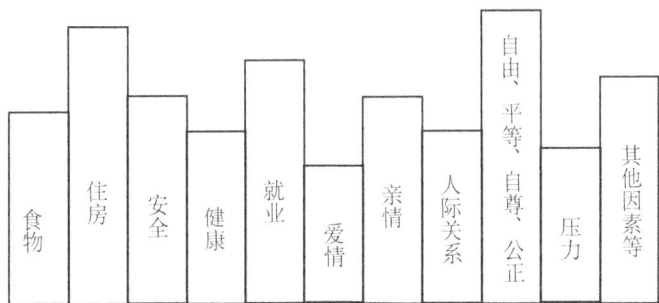

附录图 2　木桶原理示意图

在任何一个时刻,被关注的因素和事件,对脑生理状态影响最大,也就对此时此刻的"快乐"影响最大。由于注意力的偏好性,人们很多时间不由自主地将注意力停留在自己"需求"的"短板"上，体验"短板"所带来的"快乐"或"痛苦"。例如，对于多子女的家庭，父母最牵挂最差的那个孩子。最差的那个孩子对父母的幸福程度影响最大。如果一个人有一块很痛苦的"短板"，例如失恋了，那么注意力很多时间都停留在这个事件上，体验着它所带来的烦恼和痛苦。其他"快乐"因素的"长板"大部分时间没有被脑注意到，处于闲置状态。

"最短的木板"问题得到解决后，"次短的木板"便自动成为新的"最短的木板"。例如，当人们经常吃不饱，同时居住条件也较差时，首先要解决的问题是吃饱饭，这时食物是"最短的木板"。当食物短缺的问题得到解决后，居住条件差便成为新的"最短的木板"。如果居住条件差这块"最短的木板"问题得到解决后，又可能产生新的"最短的木板"。例如，搬进了更大的房子，也就是居住环境改变了，但邻居也改变了，即相比较的"参照群体"里一部分人也发生了改变。如果邻居中大部分人有汽车，而自己没有，则会产生新的需求，做梦时都渴望拥有一辆自己的车就可能成为新的"最短的木板"。

六、影响幸福的三类因素

从较长的时间来考察影响"幸福"的因素，可以将长期影响"幸福"的因素分为三类。

第一类是"保障因素"。

"保障因素",是指那些与人们的"痛苦"有关的因素。 缺少这些因素,人们感受到的是"痛苦"。而拥有这些因素,人们不会感到由于缺少这些因素所导致的"痛苦",但也不会感到"幸福"。比如:空气、健康、安全、自由等。

当疼痛减轻时,好的感觉就随之而来(Klein,2007)。当疼痛完全消失后,好的感觉也会随着时间的推移逐渐消失。个体的注意力又转向其他方面。当自由受到限制,人们体验到痛苦。从自由受到限制到解除限制的过程中,可能有积极的情绪体验。比如,刚从监狱里被释放出来的几小时或几天里,可能会感到高兴。过了一段时间后,自由这一事件被逐渐淡忘,好的感觉也就随之消失。个体的注意力又转向其他方面。没有失去自由的人,注意力很少停留在是否自由这一事件上。当人们的生命或财产受到威胁、面临危险时,人们体验到恐惧和痛苦。人们由危险状态转为安全状态的过程,可能有积极的情绪体验。如果人们长期处于安全的环境中,安全因素就不会对人们的"快乐"和"幸福"有贡献了。

上述分析说明,在短的时间里,健康、自由、安全可以对"快乐"有贡献。但人们长期处于健康状况、自由状态、安全状态等,健康、自由、安全等对"快乐"和"幸福"就没有贡献了。但是当人们失去健康、失去自由、处于没有

没有"痛苦"

健康 安全 自由

"痛苦"

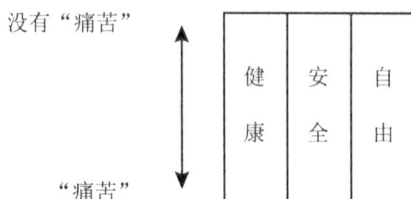

附录图 3 "保障因素"示意图

安全的生活环境中，人们就会体验到痛苦、烦恼和恐惧等。同样，当人们觉得社会不平等、不民主，或受到不公正、不公平的对待时，人们就会感到生气和愤怒等。但当人们长期生活在民主社会，没有感到不平等、不公正、不公平，这些因素对人们的"快乐"和"幸福"就没有贡献了。

从几年、几十年的时间来看，这类因素属于"保障因素"。缺少这些因素，人们就会感受到"痛苦"。而拥有了这些因素，人们不会感到由于缺少这些因素所导致的"痛苦"，但也不会感到这些因素所导致的"幸福"。

第二类是"快乐因素"。

"快乐因素"，是指那些与人们的"快乐"有关的因素。拥有这些因素时，人们感受到"快乐"。缺少这些因素，人们不感到"快乐"，但也不会感到"痛苦"。

比如：意外的奖励、自我实现、好奇心的满足等。在工作中，人们有时得到意外的奖励，感到高兴。买彩票中了大奖，感到非常高兴。在旅游的过程中，好奇心得到了满足，感到愉快。一部分人的事业达到了自我实现的阶段，在较长时间里感到心情舒畅、精神愉快。

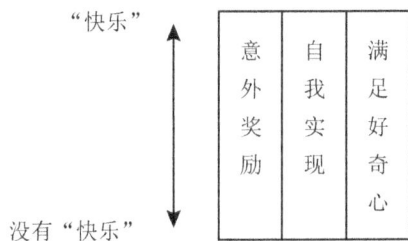

附录图 4 "快乐因素"示意图

从几年、几十年的时间来看，这类因素属于"快乐因素"。经常拥有这些因素，人们容易感到"幸福"。当人们缺少这些因素，只是没有较多的"快乐"，但也不会感到由于缺少这些因素所导致的"痛苦"。

第三类是"保障——快乐因素"。

"保障——快乐因素"，是指那些与人们的"痛苦"和"快乐"都有关的因素。缺少这些因素，人们感受到的是"痛苦"。拥有这些因素，人们感受到的是"快乐"。比如：爱情、亲情、尊重（歧视）、赌性（输赢）等。

失恋时，人们感到痛苦；缺少爱情时，人们感到不舒服；拥有爱情时感到满足；热恋时、蜜月期，人们感到快乐幸福。子女考上了理想的大学，父母感到高兴。子女高考名落孙山，父母感到沮丧。家人取得了成就，人们感到高兴。

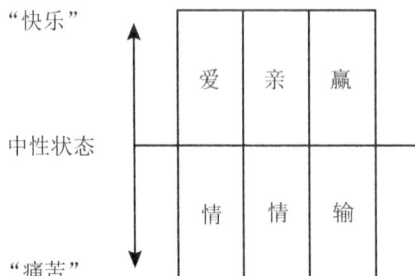

附录图 5　"保障——快乐因素" 示意图

失去亲人，人们感到痛苦。受到歧视、被人鄙视、得不到别人的尊重，人们感到愤怒、生气。受到别人的尊重、敬仰，人们感到高兴。股市里赚钱了，感到高兴。股市里亏钱了，感到难受。

从几年、几十年的时间来看，这类因素属于"保障——快乐因素"。缺少这些因素，人们感受到的是"痛苦"。长期拥有这些因素，人们更容易感受到"幸福"。

还有一些"保障——快乐因素"，例如住房。住房有多种功能，其中的两种是：

（1）基本的居住空间。

（2）身份的象征、成功的标志等。

住房既是"必需品"，也是"奢侈品"。住房既是"保障因素"，也是"快乐因素"。小面积满足基本居住功能的住房属于"必需品"，属于"保障因素"。没有它，基本生存有问题，导致"痛苦"。有了它，不"痛苦"，但也谈不上"幸福"。

大面积的豪华住房，除了满足基本居住功能，还具备其他功能，比如业主身份的象征、事业成功的标志等。这类住房就属于"奢侈品"，属于"快乐因素"。有了它，受到社会的认同，受到尊重，感到"快乐"。没有豪华住房，不"快乐"，但也不一定"痛苦"。

这样的提法可能并不准确，只是为了分析和说明问题，给出"幸福"的必要条件。

七、幸福的必要条件

"幸福"的必要条件就是"幸福"的前提条件，长期不具备这些必要条件，就难以感受到"幸福"。具备这些必要条件，也不一定"幸福"，其他因素也会导致"痛苦"。不具备这些前提条件，我们较多地感受到"痛苦"，无"幸福"可言。这些条件是获得"幸福"的前提条件。

我们将"保障——快乐因素"分为两个阶段。

初级阶段：表现为"保障因素"。例如，处于亲情（子女、父母、兄弟姐妹）的初级阶段，只是不感到缺少亲情，不会因为亲情缺失而感到痛苦，不会因亲人的不幸而感到悲痛。处于爱情的初级阶段，不会因缺少爱情而痛苦，但也没有激情，处于平淡状态。有基本的住房条件，没有感到被歧视等。也就是，生活的"必需品"得到了满足。不会因为缺少生活的"必需品"而感到"痛苦"了。

高级阶段：表现为"快乐因素"。例如，处于亲情（子女、父母、兄弟姐妹）的高级阶段，亲情带来了"快乐"，比如儿女考上了名牌大学等。处于爱情的高级阶段，爱情带来快乐，比如处于热恋阶段、蜜月期。有豪华的住房条件，受到了别人尊重和崇敬等。也就是，生活的"奢侈品"得到了满足。

幸福的必要条件就是，所有"保障因素"都得到满足。所有"保障因素"包含纯粹的"保障因素"和"保障——快乐因素"初级阶段表现出来的"保障因素"。

附录图6　"幸福"必要条件的示意图

下面我们来总结一下"幸福"的必要条件，用通俗的语言来说就是：

1. 身体健康，医疗有保障。

2. 吃得饱、穿得暖。包括基本的交通有保障。

3. 有基本的居住条件。

4. 达到爱情的初级阶段：性需求能够得到满足，不会因缺少爱情而痛苦。

5. 达到亲情的初级阶段：不感到缺少亲情，没有因亲情的缺失所导致的痛苦。包括子女可以享受基本的教育，不会因子女前途问题而苦恼等。

6. 有工作或有经济收入，包括失业救济和养老有保障。

7. 人身财产安全有保障，包括社会治安、食品药品安全和环境卫生等。

8. 基本权利和自尊受到尊重，没有感到不自由、不公正、不公平、不民主、受歧视等。个体的处境或状态，不低于自己"同类参照群体"的平均水平或平均状态。

上述的问题，只要有一条长期得不到解决，就难以获得"幸福"。例如，某富豪的身体有了病痛，不能彻底解决时；子女走上邪路或有坏毛病等问题无法解决时；长期没有爱情时。如果这些问题短期内无法通过金钱来解决的话，其注意力就会经常停留在这些需要解决的问题上面。再例如，一对生死恋人结婚后，如果基本的生存问题都不能得到保证，他们还有多少心情来享受甜蜜的爱情呢？对人们幸福程度影响比较大的是人们的**"同类参照群体"**。例如，在同学聚会上，人们多半会不自觉地默默计算着自己与其他同学的差距。同学聚会可以引发个人关于职业成功与个人价值的焦虑和担忧。如果在每年一次的同学聚会上，一个人的综合处境或状态，连续四年总是在同学们的平均水平或平均状态之下，那么第四年他很可能找个理由不去参加这样的同学聚会了。

一个比较"幸福"的人基本上都具备了这些必要的条件。不具备这些必要条件的人，难说一生是"幸福"的。这些条件只是"幸福"的必要条件，不是"幸福"的充分条件。具备这些条件，不一定"幸福"。不具备这些必要条件，个体在很大程度上较多地感受到"痛苦"，难有"幸福"可言。这些条件是获得"幸福"的前提条件。"幸福"的必要条件就是在较长的时间里，基本的生存和繁殖后代的需求得到了满足，具备了基本的"保障因素"。

满足了"幸福"的必要条件才可能有一个中性的平台，才可能有较多的机会、较长时间地去体验"快乐"，从而达到一生"幸福"的最大化。

本书定义的**"个人特性"**不但包含了血型、肤色、人格特质等遗传因素，也包含了价值观、教育程度、能力、技能等与环境有关的因素。根据"快乐"的生理机制，**"个人特性"与环境相和谐的人们，比较容易获得长期的或一生的幸福。**"人与环境相适应（person-environment fit）"（Diener，2009）的观点有一定道理，但不全面。本书认为，不但人格特质、技能要与环境相匹配，而且价值观也与环境相适应的人们才比较容易获得长期的"幸福"。例如，设想一位有毅力、能吃苦、具有争强好胜性格的残疾人在乡村一个佛教小寺庙里度过了一生，他可以过一个幸福的一生。因为他不必为生存去努力工作，依靠寺庙周围老百姓捐的香火钱，他就可以生存。他认为他今世努力学习和修行佛教，来世他会有个光明的前途。他的参照群体就是寺庙里他的同伴。由于他的刻苦努力和毅力，他在寺庙里处于中上等的地位。也就是说他的价值观、人格特质和生存技能与他生存环境相和谐。如果他从小生活在一个生存竞争激烈的大城市。受周围环境的影响，他可能想赚很多钱，虽然他刻苦努力、有毅力，但仍然处于社会的底层，因为他残疾了，生存技能不佳。他的参照群体是这个城市里他周围的人。他很可能在他的参照群体的底层度过悲惨的一生。因为他的价值观、人格特质和生存技能与他周围环境不相适应、不和谐。

短时间而言，"快乐"存在充分条件。例如，饿了两天后吃食物时可以感受到"快乐"。但长期而言，就一生而言，不存在一条人人都适用的"幸福"之路。这是由"快乐"强度的特性（适应性等）所决定的。由于"快乐"强度的相对性，使得社会中总有一部分人不"幸福"。

八、基本假设和观点

本理论的基本假设和观点有以下几个方面。

1. 人具有自私性和利他性的双重特性

Dawkins 在他的《自私的基因》一书中指出："基因总是在表达自己，希望能够生存下去，让自己的基因表达下去几乎成了所有生命的意义。基因的天然特性是自私。如果它不自私，而是利他主义者，把生存的机会让与其他基因，自己就被消灭了，所以生存下来的必定是自私的基因，而非利他的基因。基因的自私行为是发生在生命运动各个层次上的自私行为的原因。"（肖永春，2008）

上述观点有一定的道理，但本书并不完全认同这样的观点。本书认为，从基因之间的竞争来看，基因是自私的。但是，一个基因和它的后代发生矛盾冲突时，这个基因就会表现出利他的精神，它会把生存的机会让给它的后代，而牺牲自己。只有这样才最有利于这种基因一代一代地繁殖下去。假如一个基因和它的后代发生矛盾冲突时，这个基因仍然绝对自私，结果是它的后代死了，它最后也要死。这类绝对自私的基因在进化过程中早就被淘汰了。所以基因具有自私性和利他性的双重特性。由此推论,当个体生存与繁殖后代发生冲突时,繁殖后代是第一位的、优先的。例如,当母亲怀孕因缺钙而补钙时,补充的钙首先要满足胎儿的需要,多余的钙才留给母亲。所以一些母亲怀孕阶段补了很多钙,还是缺钙,是因为胎儿对钙的需求量太大了。而当小孩出生后,母亲补钙后很快就不缺钙了。

再者,人是群体动物,具有社会性。个体生活在一个群体中,有竞争,也有合作,相互依存。在一个群体中,绝对自私的个体将被群体所淘汰。结果是在社会道德、法律、文化、习俗等的约束下,个体的自私性受到限制,个体必须保持一定程度的利他性,从而达到个体与群体、个体与环境的平衡。当群体的利益或生存受到威胁时,一部分个体会为了群体的利益或生存做出自我牺牲。所以人不是绝对自私的,有其利他性的一面。这是因为"一个群体,如一个物种或一个物种中的一个种群,如果它的个体成员为了本群体的利益准备牺牲自己,这样的一个群体要比与之竞争的另一个群体——如果它的个体成员把自己的自私利益放在首位,灭绝的可能性要小,因此世界多半要为那些具有自我牺牲精神的个体所组成的群体所占据。这就是瓦恩·爱德华兹(Wynne Edwards)在其一本著名的书中公之于世的'群体选择理论'。"(Dawkins,1998)

这表明,现在世界上存在的民族、国家的人民都是具有一定利他性和牺牲精神的。那些由绝对自私的人组成的民族、种族等，在长期的进化过程中、在生存竞争过程中被淘汰了。

人具有自私性和利他性的双重特性，在不同的时间、环境表现不同。什么时间表现为自私或利他，取决于环境和对象。当个体所在群体的生存受到威胁时，个体的利他性更多地表现出来。当群体的生存没有威胁时，个体的自私性更多地表现出来。例如，在工作和生活中，为了生存，人们面对其他竞争者，更多地表现出自私性。但是，面对子女，"父母、尤其母亲，对其子女表现出利他性行为。"（Dawkins，1998）绝大多数父母对子女的爱是无私的，特别是祖父母对孙子女的爱。这种利他性有利于后代的生存和延续。

人的利他性是对后代利他性的衍生或升华。例如，人的利他性还表现在，当个体所在的群体（比如国家）的生存受到威胁时，为了群体（国家）的长远利益，很多个体会牺牲自己。因为当自己所在的群体（国家）不存在的话，自己的后代也不可能生存下去。中国在抗日战争时期，多少民族英雄、革命先烈为了国家民族利益抛头颅洒热血，就是为了子孙后代有个良好的生存环境。"在战争时期，人们为了自己国家或民族的利益也常常会做出巨大的个人牺牲。正如温斯顿·丘吉尔对二战中英国军人做出的评价，战争中英国皇家空军飞行员的行为是彻底无私的：明知在每一次任务中

都大约有 70% 的飞行员无法平安回来，他们依旧坚定地完成了他们的任务。"（Myers，2008）

2. 个体的生存和繁殖后代是第一位的，追求"快乐"是第二位的

由于"快乐"的情绪体验是有利于生存和繁殖后代的副产品之一，"快乐"是基因有利于生存和繁殖后代的手段，目的是为了有利于生存和繁殖后代。因此个体的生存和繁殖后代是第一位的，追求"快乐"是第二位的。

理性的个体不是时时刻刻都在追求"快乐"，为了生存，"痛苦"的事往往也不得不去做。例如，一些人并不喜欢自己所做的工作，但是为了生存，必须去做。理性的个体在生存和繁殖后代有保证的情况下才会去追求"快乐"。

"快乐"和"痛苦"的情绪体验是进化的结果。在长期进化的过程中，所有有利于生存和繁殖后代的特性被保留并得到加强。具有这些特性的人适应环境能力强，他们的后代得以繁殖并保存下来。不具备这种特性的人，适应环境能力差，他们的后代越来越少，经过漫长的岁月逐步被淘汰了。我们现在活着的人，是因为我们的祖先有很多有利于生存和繁殖后代的特性，这些有利于生存和繁殖后代的特性保存在我们的基因里，保存在我们的人性中。"快乐"和"幸福"的多数特性是有利于个体的生存和繁殖后代的。现在活在这

个世界上的人，是最有利于生存和繁殖后代的人，而不是最有利于享受"快乐"、"幸福"的人。

3. 理性个体追求的是长期的"幸福"，而不是短期的"快乐"

导致"快乐"体验的事件不一定都是有利于生存和繁殖后代的。有利于个体生存和繁殖后代的事件发生时，脑给予奖赏，产生"快乐"的体验。但是引起"快乐"体验的事件不一定都是有利于生存和繁殖后代的。就好比老虎有四条腿，但有四条腿的动物不一定就是老虎。例如毒品等，直接改变脑的生理状态，也会在短时间内给人带来"快乐"的体验。但长期而言，对生存和繁殖后代产生巨大危害。同样，导致"痛苦"体验的事件不一定都是有害于生存和繁殖后代的。例如药品，很多药口感差、很难吃，但有利于健康。

脑在生理层面上的反应，遵循科学规律，人体器官无法分辨好吃的食物里是否含有毒药。生理上的奖赏体现在感官上，脑可以感受到食物好吃、声音好听等。心理上的奖赏，和遗传因素、环境因素和意识状态有关，需要认知去评价。

所以，个体单纯地追求短暂的"快乐"，可能会导致长期的"痛苦"。理性的个体应该追求和从事有利于生存和繁殖后代的事情，在这过程中自然会体验到"快乐"，更容易获得长期的"幸福"。

在个体及其所在的群体都没有生存威胁时，个体也不是每时每刻都在追求"快乐"。理性的个体追求的是长期的"幸福"或一生的"幸福"最大化，而不是短期的"快乐"。人们为了未来的长远利益会牺牲当前的利益。"研究发现人们愿意为了他们所在乎的目标而放弃即时的快乐。比如，Kim-Prieto 发现亚洲或美籍亚裔的学生更喜欢选择能够遵从其父母意愿的，或者能够带来成就感的任务，而并不那么在意能够带来许多愉悦感受的任务。"（奚恺元，2008）

一件事对长远利益有利的话，即使短期是"痛苦"的，有些人也会去做。为了长久的更大的幸福，有些人甚至会牺牲今世，例如，相信存在来世的苦行僧；为了实现自己认定理想而牺牲自己生命的一些人。

4. 个体生存状态的三个阶段

边沁写道："人类由快乐和痛苦主宰。只有它们才指示我们应当干什么，决定我们将要干什么。是非标准，因果关系，俱由其定夺。"（边沁，2009）穆勒在他的《功利主义》一书中写道："人生的终极目的，就是尽可能多地免除痛苦，并且在数量和质量两个方面尽可能多地享有快乐，而其他一切值得欲求的事情，则都与这个终极目的有关，并且是为了这个终极目的的。"（穆勒，2008）本书参考了边沁快乐定义里的"强度"和"持续时间"（边沁，2009）概念，但本书并不完全认同功利主义（Utilitarianism）的价值观。因为人首先需要解决的问题是生存问题。对于个体而言，就是生存和繁殖后代问题。由于人的社会性，个体的生存依赖于其所在的群体，单独的个体难以生存。因此，某些个体利益与其所在的群体利益发生冲突时，群体利益是第一位的、优先的；当个体生存和繁殖后代与追求"快乐"、"幸福"发生冲突时，生存和繁殖后代是第一位的、优先的。

本书将个体追求分为三个阶段。当前一个阶段追求基本满足后，后一个阶段追求才起主要作用。

第一阶段是群体生存阶段。当个体所在群体的生存受到威胁时，人的利他性更多地表现出来、发挥作用。例如，国家民族到了生死存亡的时候，很多个人为了国家、民族的利益，英勇牺牲。这样的群体，与绝对自私性个体组成的群体竞争时，就具有更强的生存能力。

第二阶段是个体生存阶段。当群体的生存没有威胁时，人的自私性更多地表现出来、发挥作用。例如，和平年代，个体在社会的竞争环境中，表现出更多的自私性。

第三阶段是追求"快乐"和"幸福"阶段。当个体所在群体的生存没有威胁时，个体的生存和繁殖后代也没有威胁时，追求"快乐"、回避"痛苦"的特性才更多地表现出来、发挥作用。例如，一些已经获得皇位的皇帝不择手段地追求享乐。纨绔子弟想方设法玩新花样，追求新刺激。

具备上述特性的个体最有利于其生存和繁殖后代。所以享乐主义（Hedonic）（Carr，2008）的功利原理（Principle of Utility）（边沁，2009）只是在当个体和其所在群体的生存、繁殖后代没有威胁时才能成立。

5. 例外

类似于其他社会科学，本书的结论和推论是统计意义上的结果，是针对大多数人而言的，并不是对每个人都适用。例如，极少数人有着坚强的意志，可以控制自己的注意力，使注意力较长时间停留在美好的想象中、美好的期望中、美好的认知判断结果上，或是经常处于深度的冥想状态，从而获得较长时间的"快乐"体验，达到比较"幸福"的一生。这正是一些宗教大师们、圣贤们才能达到的程度和境界。做到这一点也是有前提条件的，就是具备最基本的生存条件。绝大多数普通人难以修炼到这样的程度，因而不具有普遍意义。这极少数人的生活方式可以在精神上对"幸福"产生重要影响，但不能解决人们来自物质方面的"痛苦"，比如，饥饿、疾病、居住环境恶劣、失业、自然灾害等。这些问题必须依靠科学技术，依靠发展经济来解决。

九、幸福理论框架图

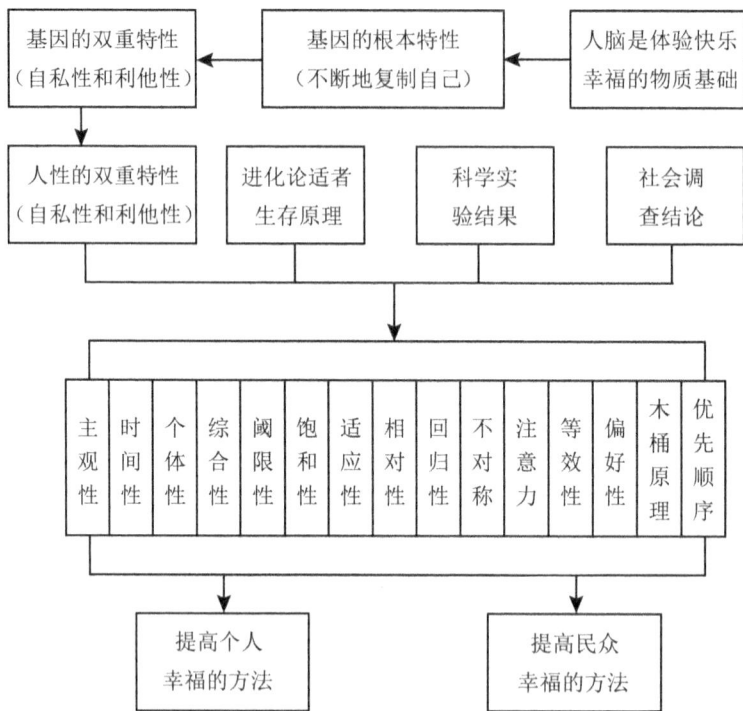

附录图 7　幸福理论的思路和基本框架图

参 考 文 献

1. 李齐光. 幸福论. 西安：西安交通大学出版社，2011.

2. Li Qiguang. A Theory of Happiness（4th edition），2012.

3. Alan Carr. 郑雪等，译. 积极心理学：关于人类幸福和力量的科学. 北京：中国轻工业出版社，2008.

4. Csikszentmihalyi Mihaly. 陈秀娟，译. 生命的心流. 北京：中信出版社，2009.

5. Csikszentmihalyi Mihaly. 张定绮，译. 幸福的真意. 北京：中信出版社，2009.

6. Dawkins R. 卢允中，译. 自私的基因. 长春：吉林人民出版社，1998.

7. Hughes Michael，等. 周杨等，译. 社会学和我们（第7版）. 上海：上海社会科学院出版社，2008.

8. Klein Stefan. 方霞，译. 幸福之源. 北京：中信出版社，2007.

9. Lykken David. 黄敏儿等，译. 幸福的心理学. 北京：

北京大学出版社，2008.

10. Myers David G. 黄希庭等，译．心理学（第 7 版）．北京：人民邮电出版社，2006.

11. Myers David G. 侯玉波等，译．社会心理学（第 8 版）．北京：人民邮电出版社，2008.

12. Robbins Stephen P. 管理学．北京：中国人民大学出版社，1996.

13. Solso R L. 等．邵志芳等，译．认知心理学（第 7 版）．上海：上海人民出版社，2008.

14. Jeremy Bentham. 时殷弘，译．道德与立法原理导论．北京：商务印书馆，2009.

15. Russell B. 崔人元，杨玉成，编译．罗素论幸福人生．北京：世界知识出版社，2009.

16. John Stuart Mill. 徐大建，译．功利主义．上海：上海人民出版社，2008.

17. 厉以宁．股份制与现代市场经济．南京：江苏人民出版社，1994.

18. 厉以宁，等．现代西方经济学概论．北京：北京大学出版社，1992.

19. 罗跃嘉．认知神经科学教程．北京：北京大学出版社，2006.

20. 唐孝威，等．脑与心智．杭州：浙江大学出版社，2008.

21. 奚恺元,等．撬动幸福．北京：中信出版社，2008.

22. 肖永春．幸福心理学．上海：复旦大学出版社，2008.

23. Diener E，R Biswas-Diener. Happiness：Unlocking the Mysteries of Psychological Wealth. Blackwell Publishing，2008.

24. Diener E. The Science of Well-Being：The Collected Works of Ed Diener，Social Indicators Research Series 37，2009.

25. Diener E. Assessing Well-Being：The Collected Works of Ed Diener，Social Indicators Research Series 39，2009.

26. Diener E. Culture and Well-Being：The Collected Works of Ed Diener，Social Indicators Research Series 38，2009.

27. Klein S. The Science of Happiness，New York：Marlowe & Company，An Imprint of Avalon Publishing Group，Inc，2006.

28. Myers D G. Psychology（7th edition）．New York，NY：Worth Publishers，2004.

29. Myers D G. Social Psychology（8th edition）．New York，NY：The McGraw-Hill Companies，Inc，2005.